玩美棒针衫

——编织达人小凡倾力之作

╲ 编织人生 小凡 编著

辽宁科学技术出版社

作者名单

何晓红　夏敏芳　朱海燕　徐　玲　邰海峰　金　凯
朱　建　邹小龙　张海侠　蔡春红　惠　科　钱晓伟
刘　香　杜晓峰　胡友良　薛先余　葛恒中　潘爱民
汪自保　常前坤　叶光飞

图书在版编目（CIP）数据

玩美棒针衫：编织达人小凡倾力之作／小凡编著. ——
沈阳：辽宁科学技术出版社，2013.8
　　ISBN 978-7-5381-8018-3

　　Ⅰ.①玩…　Ⅱ.①小…　Ⅲ.①毛衣-编织-图集
Ⅳ.①TS941.763-64

　　中国版本图书馆CIP数据核字（2013）第080882号

出版发行：辽宁科学技术出版社
　　　　　（地址：沈阳市和平区十一纬路29号　邮编：110003）
印　刷　者：辽宁美术印刷厂
经　销　者：各地新华书店
幅面尺寸：210mm×285mm
印　　张：10.5
字　　数：300千字
出版时间：2013年8月第1版
印刷时间：2013年8月第1次印刷
责任编辑：赵敏超
封面设计：李秋实　高政华
版式设计：李秋实　高政华
责任校对：李淑敏

书　　号：ISBN 978-7-5381-8018-3
定　　价：34.80元

联系电话：024-23284367

序 言

　　温润香甜的空气中，柳条发芽，燕子呢喃。我坐在窗前，感受春意渐暖，鹅黄的绒线在手中灵动地跳跃着。编织，将平淡编成锦，将生活织成缎，将宁静的岁月编织成一件件温暖的幸福。

　　结缘于编织，是生命旅途中一场美丽的遇见。它成全了太多无法说出口的问候。我们想要表达什么样的情感，我们想要诉说什么样的故事，当我们内心深处的感情，由于某些原因，又不想太过明显地表现，那么，选择编织，的确是一个漂亮的方式。温暖的围巾，柔软的衣衫，各种精致充满了惊奇的创意物品，跟随着心情而变化。我们可以随心将它改变模样。当你寂寞时，当你孤独时，当我思念时，当我无助时，当你我都感觉幸福时，用编织记录下曾经所有的点滴，为我们曾经无怨无悔的青春，无法来过的岁月，以及那些再也不能重新开始的人和事。它可以承载我们的热情、爱和希望，并见证我们日复一日的成长。

　　年轻时，你有没有爱过一个人，有没有在深夜里，笨拙却用心地编织一条灰色围巾，也许不如买的好看，却凝聚了青春最纯洁浪漫的爱情。中年时，你是不是因为爱着一个人，在无数个平凡的日子里，幸福地用美丽的手指编织着所有的温暖，偶尔制造一些浪漫。白首时，你会不会因为一直爱着这个人，坐在窗前沐浴着晚霞夕阳，一如当年少女的模样。身旁那些沉睡的物件，像古老的黑白电影机，将你穿越时间的隧道带回当年，重温那些美好幸福的时光。它们，应该是你一生最得意、最美丽的珍藏。

目　录

ZiYunYing · JiuFenXiuKaiShan

紫云英 · 九分袖开衫

制作方法见第 093 页

复杂的花纹组合是整件衣服的点睛之笔，突显衣服的质感与**品质，** 丝毫不觉得累赘，反而**赏心悦目**。

宽松的廓型，抛弃了以往无止境追求苗条的审美**情趣**，立体的花型，为衣服增加时尚感，下摆蕾丝边的设计，更加体现衣服的小女人情结，甜美又时尚，蕾丝与毛衣的**完美**结合就是这么奇妙！

TianMeiLeiSiChangMaoYi

甜美蕾丝长毛衣

制作方法见第 094 页

镂空的 V 形花排列有致，**百搭**的圆领设计，适合各种脸形，**温暖**的西瓜红，营造**浪漫**温馨的气氛。

V XingHuaYuanLingChangXiuShan

V 形花圆领长袖衫

制作方法见第 095 页

迷人低 V 领设计，露出 **迷人** 的锁骨，女人味十足，犹如那郁金香一样，

高雅 芬芳。

ShengKaiDeYuJinXiang

盛开的郁金香

制作方法见第 096 ~ 097 页

短款开衫，随意百搭，可**休闲**、可白领，衣身整体的漏针提花，非常精致，突显**柔情**，晶莹透亮的珍珠组扣为您注入精致而**高贵**的气质。

DuanKuanDanKouKaiJinShan

短款单扣
开襟衫

制作方法见第 098 页

合体的**桃心**领体现女人精致美丽的锁骨风情，别致特殊的镶珠设计是整件衣服的特色所在，立显**高贵**典雅，高腰抽带的设计把身形拉长，亦可收腰。

TaoXinLingXiuShenMaoYiQun

桃心领修身毛衣裙

制作方法见第099～100页

LeiSiLingLianYiQun

蕾丝领连衣裙

制作方法见第 101 ～ 103 页

领口处**精致**蕾丝装饰，别致新颖，性感迷人，在这个冬季，与美丽邂逅，我们**近在咫尺**！

红色针织衫为万物复苏的春季添加一抹红，宛若春季中那朵盛开的**娇艳**欲滴的红花儿，**妩媚**又动人，艳丽的冲击，瞬间就能成为众人的焦点，**性感**的心形领，气质加分。

WuMeiYouHuoZhenZhiShan

妩媚诱惑针织衫

制作方法见第104页

独特的钩花花边点缀衣领、袖口和下摆，是这款针织衫最大的亮点，令你春风得意，细节处体现了**精致**的设计理念。

JingZhiGouHuaTaoTouShan

精致钩花套头衫

制作方法见第 105 页

咖啡色这个永久流行的颜色，令它在任何时候穿着都不会过时，此款长毛衣

落落大方，精湛的绞花工艺，增强了衣服的立体感，同时突显品质感和工艺之美。

QianKaSeChangMaoYi

浅咖色长毛衣

制作方法见第106页

温和细腻的紫色亮丽却不显浮夸，搭配上衣摆处**精美**的花纹，反而有一种异样的光彩，肩部**别致**的花朵，令这件纯色毛衣增添了许多淑女风范。

ZiSeShuNüChangXiuShan
紫色淑女长袖衫

制作方法见第107页

LangManQingDiaoGaoLingChangShan

浪漫情调高领长衫

制作方法见第108～109页

浪漫的酒红色，介于热情与**神秘**之间，给人以高贵而华丽的感受，经典的修身设计，**简约**的版型，让你在寒冬里面永远是最受瞩目的那一个。

中性的颜色和款式，平实紧凑的针法，没有过多的修饰，**经典**简约，随意百搭，特殊的**凹凸**针织面带给人以不一样的视觉感受。

ZhongXingDuTeZhenZhiShan

中性独特针织衫

制作方法见第110页

用轻柔的小马海毛线编织而成，极其**飘逸**，加之独特的灯笼袖，时尚青春的

气息逼人而来，在花开烂漫的春季，如此一身的轻装上衣，满是**馨香**。

QingRouXiaoMaHaiMaoXianChangXiuShan

轻柔小马海毛线长袖衫

制作方法见第111页

细腻的波浪纹理编织优雅而安静地存在，经典的堆堆领设计给温馨的
针织毛衣带来浓浓暖意，从容地走进初冬的美好时光。

WenXinGaoLingMaoXianDaDiShan

温馨高领毛线打底衫

制作方法见第112页

PianPianYeZiQing

片片叶子情

制作方法见第113页

用片片**叶子**勾勒出整体衣衣花型，增添了一丝**别致**与另类，低调的颜色不张扬，搭配上**简约**的牛仔裤，是不是感觉又回到了**记忆**中的校园呢？

为草当作兰，为木当作松，幽兰香飘远，松寒不改容。衣衣的 纯净 犹如那高洁的木兰，

浑似粉妆玉琢，幽雅 飘逸。

GaoJieMuLanXiaoShan

高洁木兰小衫

制作方法见第114页

JianYueDuanRanXiaoBeiXin

简约段染小背心

制作方法见第115页

简约 时尚的段染马海毛小背心，成就百搭效果，袖口、领加之裙摆的钩花设
计增加衣服的美感，田园风 由然而生，呈现出女人娇俏可爱的一面。

随意松垮的大荡领加上复古的麻花，知性**优雅**，平板的针织与富有肌理感的

麻花图案形成鲜明对比，领口、袖口、下摆采用竖状螺纹针织，简洁**大气**。

YouYaDangLingKuanSongZhenZhiShan
优雅荡领宽松针织衫

制作方法见第116页

风铃草对着美妙的**夜空**微笑，风把自己吹得轻飘飘，甜美的风铃在飘荡，风铃草**陶醉**地顺风飘摇……我的风铃草带着美好的愿望，曼妙的风铃在诉说着此衣的**风情**。

FengLingCao · ZhongChangKuanQunShan

风铃草 · 中长款裙衫

制作方法见第117～118页

深咖啡色的毛衣如咖啡一般**香醇**，越品越有味道，流露出简单的高雅气质，您是否也想靠近她，**品味**她的独特之美呢。

ShenKaFeiSe V LingShan

深咖啡色 V 领衫

制作方法见第 119 ~ 120 页

纯净宝石蓝的颜色，鲜亮**耀眼**的蓝色，大放异彩、非常夺目，带来不一样的视觉盛宴，令人**难以忘怀**，典型的小 A 裙设计，突显曼妙身姿。

BaoLanSeHanBan A ZiQun

宝蓝色韩版 A 字裙

制作方法见第 121 页

永恒**经典**的海军魂系列之妈妈装，蓝色+白色夹色条纹设计，突显整件毛衫的节奏感，低调出场，**简约**至极，外出居家都很适宜哦！

AiDeHaiYang

爱的海洋

制作方法见第122页

橙白相间的段染线，别具一格的钩花设计，在绿林丛中呈现出一道**亮丽**的风景线，不要害羞地遮住自己，穿上它，让自己更显**火辣辣**，它能带出你的奔放，不拘小节，做女人就要爱自己，**无须掩饰**，只需更大胆地去驾驭。

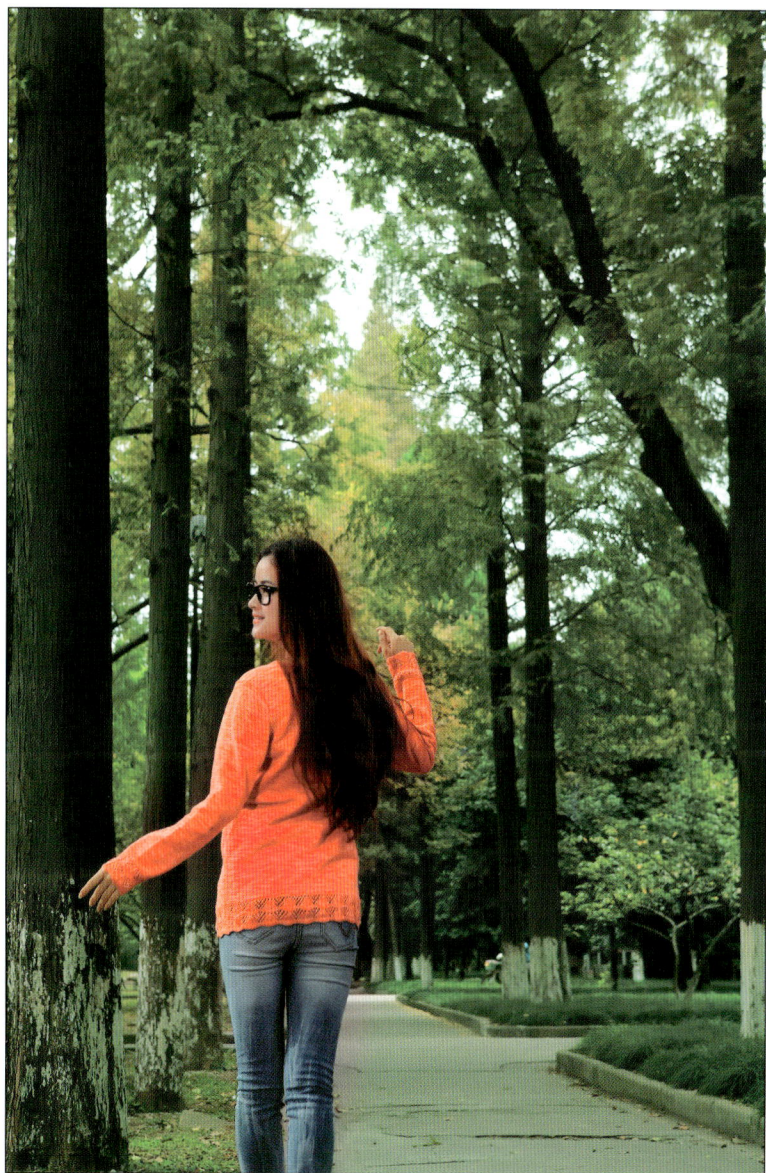

ChengBaiDuanRanChangXiuShan
橙白段染长袖衫

制作方法见第 123 ～ 124 页

高腰线的抽带设计，自然垂坠的小 A 裙摆有一种慵懒的感觉，**完美**地勾勒出性感的美腿，散发着**野性**的气息。

ChunBaiSuYaDuanXiuQun

纯白素雅短袖裙

制作方法见第 125 ～ 126 页

沉静 **内敛** 的黑色拼接充满活力的深紫色，冷暖相融，雅致、**高贵**，鲜明的色彩对比突显**温暖**的感觉。

PinSeChangXiuMaoYiQun

拼色长袖毛衣裙

制作方法见第 127 ~ 128 页

衣身的立体绞花由小变大，具有**层次感**和立体厚重感，下摆螺纹收口设计，具有包臀**塑身**效果，可内搭，可外穿，休闲中带有中性的风采。

BaoTunSuShenChangMaoYi

包臀塑身长毛衣

制作方法见第129～130页

温和的色彩，错综的线条感，**细腻**的编织手法，诠释出女性柔和之美，衣摆的双层边是衣服的**亮点**，中袖的设计更显干净利落。

YuMeiRen · LuHuiMianZhongXiuShan

芋美人·芦荟棉中袖衫

制作方法见第131页

MaiSui · ZhongChangQunShan

麦穗 · 中长裙衫

制作方法见第132页

廓型圆润饱满，密实的麦穗花 **简约** 而不简单，处处透露着休闲与雅致，淡雅的色调，**别致** 的花纹，带给我们不一样的惊喜与感触。

细致的针织勾线精致而有气质，无袖的设计，展现了女子曼妙的身姿，裙摆的波浪设计，优雅而唯美，咖啡色中夹带着神秘的银丝，犹如夜空中的繁星点点，甚是娴静。

XiuXianFengBeiDaiQun

休闲风背带裙

制作方法见第133页

淡淡的粉，隐约的透，**精致**的针织镂空花纹，总能带给我们一份**恬静**的美丽心情，**细腻**纯净的色彩丝毫不显得张扬，反而有一种灵动的**美丽**

DanJingWanYueYuanLingShan

淡静婉约圆领衫

制作方法见第134～135页

通体的菱形主体花样，**别具匠心**，凡何图形的装饰是时尚界的潮流元素，**巧妙**地运用到毛衣行列，不仅打破了单一感，而且具有浓厚的复古气息。

LingXingHuaLianYiQun

菱形花连衣裙

制作方法见第136页

牛奶丝线将那些美好而**灵动**的画面勾勒得无比轻盈，整件衣衣丝滑无比，轻轻镶上**闪亮**小钻装裱成一幅赏味期限无限延长的如诗美画。

YanZhiKou · NiuNaiSiDuanXiuShan

胭脂扣·牛奶丝短袖衫

制作方法见第137～138页

婉约撞色边毛衫

制作方法见第139页

同色系的巧妙撞色更显质感，**羊绒**的应用使整件衣服更加温暖、手感舒适，小开领的设计**清新婉约**

酒红与杏色的**完美**撞色，端庄而不显老套，典雅而不庸俗，随意的线条感，穿在身上不仅显瘦**修身**，还能让你演绎出简约之中的典雅清丽，搭配时尚的紧身裤，蹬上你优雅的高跟鞋，美美地**出发**吧！

PeiSeGaoLingTaoTouShan

配色高领套头衫

制作方法见第140页

XingGanChunJingQiFenXiuKaiShan

性感纯净七分袖开衫

制作方法见第 141 页

精致的镂空针织花纹与衣服风格完美的糅合成一个整体，在美丽的衣衫上绽放出别具一格的韵味，流露出春天里的**浪漫**情怀，若隐若现的通透感，带给人微微性感的小味道。

针法密实，款式**简约**，展现出休闲的格调，黑色是永不过时的**经典**，
气质好搭配，独特的狗牙边领口设计独具匠心，更添一分**别致**。

JianYueHeiSeDuanXiuShan

简约黑色短袖衫

制作方法见第142页

菱形镂空花与浮雕花**交错相映**，别具一格，短款的设计体现出女性的干练自信，很适合**娇俏**小美女穿着哦！

JiaoQiaoDuanKuanZhenZhiShan
娇俏短款针织衫

制作方法见第143页

精心设计的小 V 领增添了女性的**妩媚**之情，裙身的褶皱设计更显服饰层次感，袖口与裙摆采用**经典**花型，遥相呼应。

LiangLiZhongChangKuanMaoYi

亮丽中长款毛衣

制作方法见第144页

LingLongTianMeiGaoYaoShan

玲珑甜美高腰衫

制作方法见第145～146页

高腰线的设计提升了衣服整体的比例，领口**精致**闪亮的烫钻设计，高贵气质

呼之欲出，配合**修身**的玲珑衣服版型，让你无时无刻都散发着淑女的优雅气息。

米色带给我们清新以及历久**弥香**的醇味，让我们沉醉迷恋其间，钩花与针织结合的毛衫**别具味道**，天丝的清凉让你整个夏季都清爽怡人。

QingXinGouZhiJieHeTianSiDuanXiuShan

清新钩织结合天丝短袖衫

制作方法见第147页

一款舒适的修身毛衫设计，常规简洁的罗纹圆领设计，**简约**大气，胸前的不规则多变花型，打破了单一沉闷的版型，令简单不单一，突显着男士的**睿智**与内涵。

NanShiDiYuanLingChangXiuShan

男士低圆领长袖衫

制作方法见第148～149页

NanShiXiuXianChunSeZhenZhiShan
男士休闲纯色针织衫

制作方法见第150~151页

针织衫是男士风采的 **完美** 写意，尽显熟男的干练与不羁，性感洒脱，个性

百搭。

NanShiXiuXianYuanLingShan

男士休闲圆领衫

制作方法见第152～153页

别出心裁的菱形花样和浮点设计，彰显着不按常理超凡脱俗的 **气质**，遍布整体，没有一丝一毫的浮夸，带着不容易忽视的存在感和 **独特** 的味道，让人无法移目。

简单利落的拉链立领,两袖的条纹加几何花型装点,给这款 **简约** 风格的毛衣注入活力元素,更显朝气、年轻,稳重之余,**潮流** 立现。

JiuHongSeBanLaLianChangXiuShan

酒红色半拉链长袖衫

制作方法见第154~155页

NanShiChaoLiuLiLingShan

男士潮流立领衫

制作方法见第156页

针织衫和衬衣的搭配总是能突显 **时尚** 动感的穿着潮流，更是把清新、儒雅的

英伦 风范展现得淋漓尽致。

永恒**经典**的海军魂系列之爸爸装，采用通体深蓝色调，沉稳大气又不失活力，

Ｖ字领加白色纽扣，与妈妈装和宝宝装相呼应。

AiQingHai

爱情海

制作方法见第157页

永恒**经典**的海军魂系列之宝宝装，同样采用蓝白夹色条纹的设计灵感，两者

相之渐变，形成**动感**，很适合宝宝活泼好动的性格特点。

HaiJingLing

海精灵

制作方法见第159页

复古 青果领防风设计，为毛衣增加亮点，异色边的拼色非常有质感，提升了
衣服的 时尚 度，简单而不单一。

QingGuoLingBaoBaoZhuang
青果领宝宝装

制作方法见第159页

设计灵感源于大热的 polo 衫，橙色与白色**完美**的搭配，舒适的翻领使宝宝具有**小绅士**的气场，无限活力的橙色小风暴，具有极强烈的视觉入侵感，妈妈们不要错过哦！

HuoLiFanLingTiaoWenShan
活力翻领条纹衫

制作方法见第160页

Jian Yue baobao Xiao Bei Xin
简约宝宝小背心

制作方法见第161页

无瑕的白色，给人干净利落的感觉，颇具浮雕感的图案，令单色也很抢眼哦！

胸前可爱的小恐龙贴标更显**活泼**、童趣。

巧妙的撞色设计，**简单**、大气、休闲风大行其道，时尚的扭花织法、可爱的
木质纽扣都饱含着妈妈**细腻**的心思

ZhuangSeYuanLingKaiJinShan
撞色圆领开襟衫

制作方法见第162页

果绿色带来融融春意、万物复苏的 感觉，活力十足，亮亮的糖果色，宝宝穿

上一定很 抢眼 哦！

GuoLüSeLingXingGeWenZhenZhiShan
果绿色菱形格纹针织衫

制作方法见第163页

半高领**设计**，贴心呵护颈部，罗纹收脚设计贴身保暖，为冬天注入丝丝暖意，

绝对是家居生活和出行搭配两不误的**精明**之选。

BanGaoLingBaoNuanShan

半高领保暖衫

制作方法见第164页

YingLunFengCuMaoXianDaiMaoShan

英伦风粗毛线带帽衫

制作方法见第165页

粗毛线编织**温暖**而厚实，帽衫一体，俏皮可爱，衣身上装饰的立体花型动感个性，彰显童趣，很好地契合宝宝这个年纪纯真、**帅气**的个性。

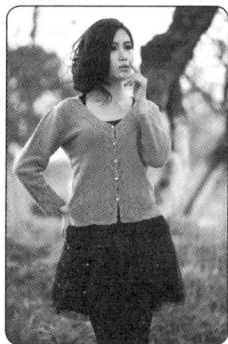

【成品规格】衣长50cm，胸围88cm，袖长44cm
【编织密度】34针×40行=10cm²
【工　　具】11号棒针
【材　　料】羊毛绒线350g
【编织要点】
1. 后片：起139针织花样38行，上面织平针，第一行均减掉36针，并在两侧加织形成腰线，织22cm后开挂，腋下平收5针，再依次减7针，肩织引退针成斜肩，后领开领窝；
2. 前片：起71针，边缘20针织门襟花样，织38行后均减掉15针，门襟不变，在中心位置织花样B，其他同后片；门襟一直连织，前片完成后边缘6针继续织至后领窝的一半，回过去缝合；
3. 袖：起80针织花样38行后织上针，均收20针，按图示两侧分别加减针织袖筒和袖山，缝合各片及纽扣，完成。

紫云英·九分袖开衫

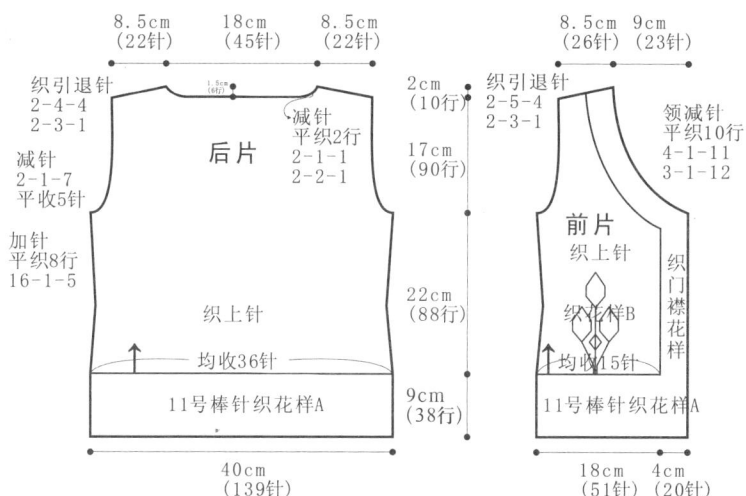

后片
织引退针 2-4-4 2-3-1
减针 平织2行 2-1-1 2-2-1
减针 2-1-7 平收5针
加针 平织8行 16-1-5
织上针
均收36针
11号棒针织花样A

8.5cm (22针) 18cm (45针) 8.5cm (22针)
40cm (139针)

前片
2cm (10行) 织引退针 2-5-4 2-3-1
17cm (90行) 领减针 平织10行 4-1-11 3-1-12
22cm (88行) 织上针 织花样B 织门襟花样
9cm (38行) 均收15针
11号棒针织花样A

8.5cm (26针) 9cm (23针)
18cm (51针) 4cm (20针)

领、门襟

边缘的6针继续织与后领窝缝合

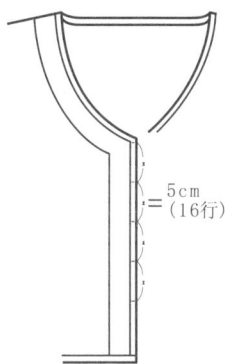

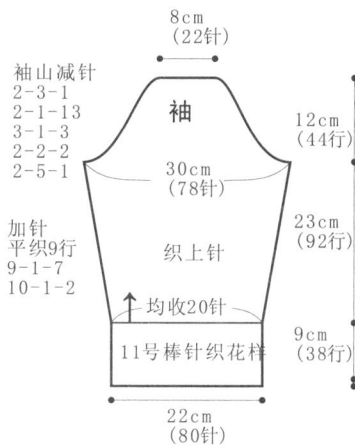

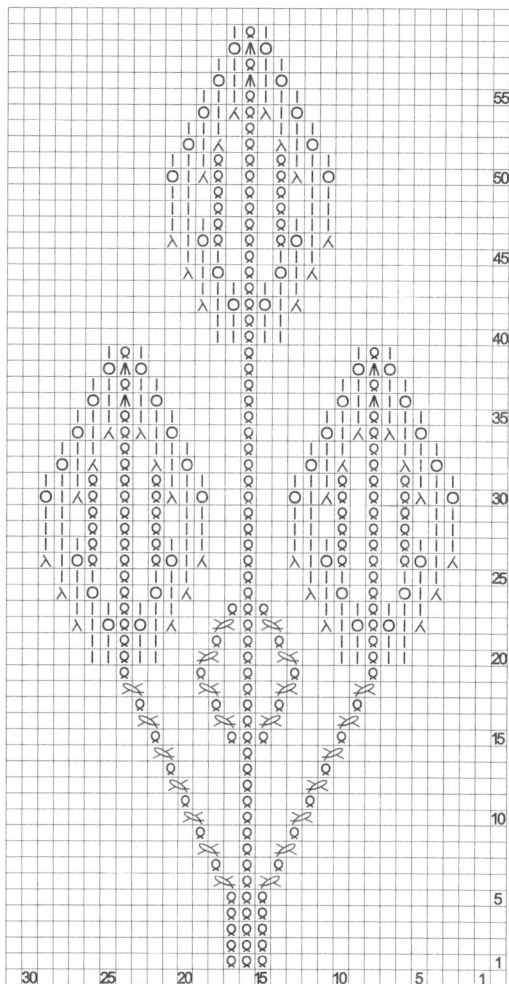

5cm (16行)

袖
袖山减针 2-3-1 2-1-13 3-1-3 2-2-2 2-5-1
加针 平织9行 9-1-7 10-1-2
织上针
均收20针
11号棒针织花样

8cm (22针)
30cm (78针)
12cm (44行)
23cm (92行)
9cm (38行)
22cm (80针)

□=[-]
花样B

55 50 45 40 35 30 25 20 15 10 5 1
30 25 20 15 10 5 1

针法符号说明
O=加针
Q=扭针
人=左上2针并1针
入=右上2针并1针
/=扭针右上并针
K=扭针左上并针

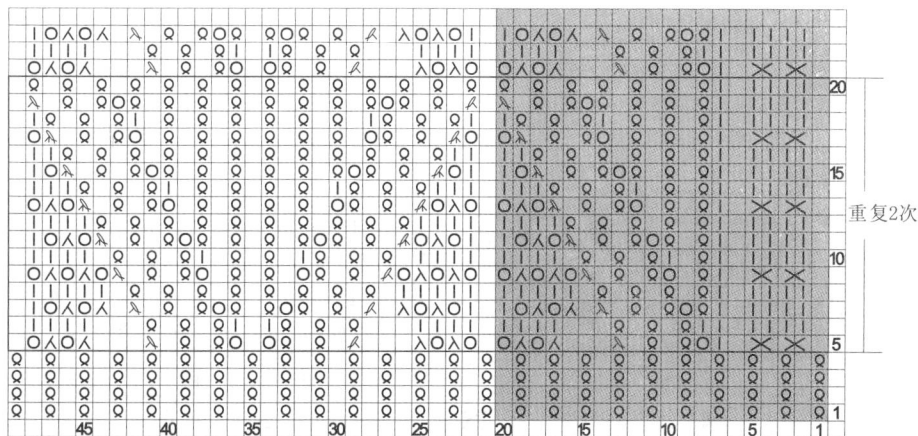

□=[-]
花样A
门襟花样

重复2次
20 15 10 5
45 40 35 30 25 20 15 10 5 1

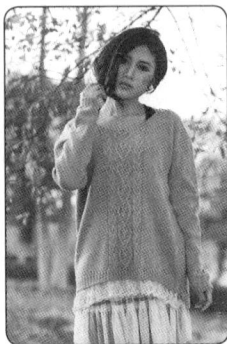

甜美蕾丝长毛衣

【成品尺寸】衣长63cm，胸围102cm，肩宽43cm，袖长53cm
【密　度】12号棒针：33针×40行=10cm²；14号棒针：34针×60行=10cm²
【工　具】12号、14号棒针
【材　料】卡其色羊绒线350g、蕾丝少许
【制作方法】
衣服为从下往上编织，由1片前片、1片后片、2片袖片编织而成。
1. 后片：①用14号棒针，双罗纹起针法起170针，织4cm。②换12号棒针，下针编织，织41cm。③开袖窿：两边平收7针，两侧各减9针，减针方法见袖窿减针，织16.5cm。④开后领、织斜肩：两者为同时进行，共为6行；减针均按减针方法编织，此段为1.5cm。
2. 前片：①同后片。②换12号棒针，排花编织，排花及针数见图，花样A见花样A图解，织35cm。③开袖窿：两边平收7针，两侧各减9针，减针方法同后片，织8cm。④开前领、织斜肩：按前领减针编织，织第37行的同时织斜肩，斜肩织法同后片。前、后片均织完后，肩部、腋下缝合。
3. 袖片（2片）：①用14号棒针，双罗纹起针法，起62针，织3cm。②换12号棒针，下针编织，织第1行时均匀加8针，加针方法见均匀加8针，往上两侧逐渐加针，加针方法见袖下加针，织40cm。③织袖山：袖山两边各平收7针，然后按袖山减针编织，织10cm。相同方法织另一片。袖山均织完后，与身片相缝合。
4. 衣领：用14号棒针，前、后领各挑108针、76针，即共挑184针，双罗纹编织10行后收针。
5. 收尾：裁剪一段长度相当的蕾丝，可参考前片图尺寸，裁剪完后缝合在前片相应位置。

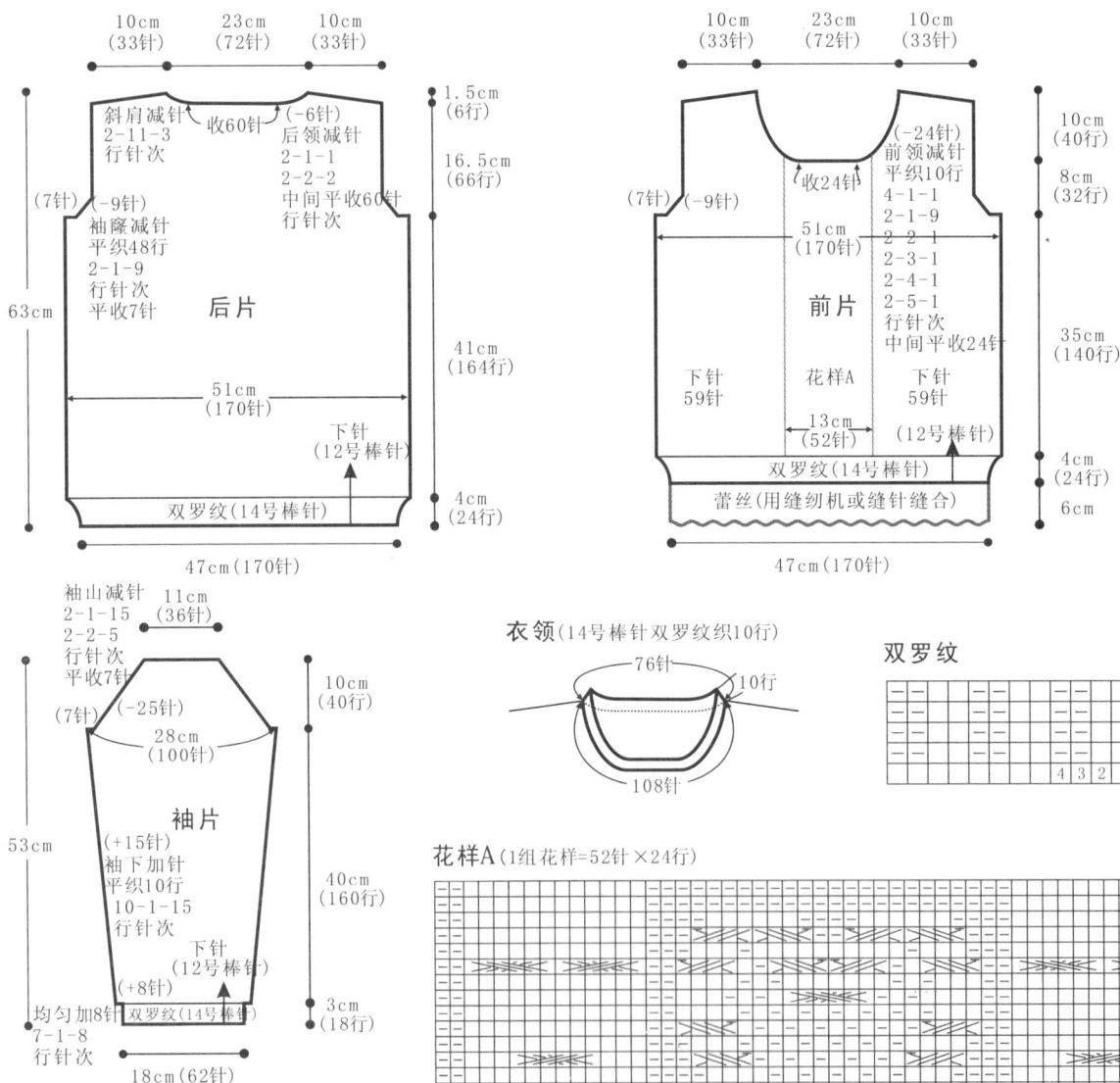

后片

10cm（33针）　23cm（72针）　10cm（33针）

1.5cm（6行）
斜肩减针 2-11-3 行针次　收60针　（-6针）后领减针 2-1-1 2-2-2 中间平收60针 行针次
16.5cm（66行）

（7针）（-9针）袖窿减针 平织48行 2-1-9 行针次 平收7针

63cm

51cm（170针）　下针（12号棒针）
41cm（164行）

双罗纹（14号棒针）
4cm（24行）

47cm（170针）

前片

10cm（33针）　23cm（72针）　10cm（33针）

10cm（40行）

（-24针）前领减针 平织10行 4-1-1 2-1-1 2-2-1 2-3-1 2-4-1 2-5-1 行针次 中间平收24针
8cm（32行）

收24针

（7针）（-9针）

51cm（170针）

下针 59针　花样A　下针 59针

13cm（52针）（12号棒针）

35cm（140行）

双罗纹（14号棒针）
4cm（24行）

蕾丝（用缝纫机或缝针缝合）
6cm

47cm（170针）

袖片

袖山减针 2-1-15 2-2-5 行针次 平收7针　11cm（36针）

10cm（40行）

（7针）（-25针）

28cm（100针）

53cm

（+15针）袖下加针 平织10行 10-1-15 行针次 下针（12号棒针）（+8针）
40cm（160行）

均匀加8针 7-1-8 行针次　双罗纹（14号棒针）
3cm（18行）

18cm（62针）

衣领（14号棒针双罗纹织10行）

76针　10行　108针

双罗纹

						2
						1
			4	3	2	1

花样A（1组花样=52针×24行）

针法符号说明
□=上针　=□下针
↑编织方向
右上3针交叉
右上3针上针与左上1针上针交叉
左上3针下针与右下1针上针交叉

094

【成品规格】衣长 56cm，胸围 80cm，袖长 54cm
【编织密度】38 针 ×45 行 =10cm²
【工　　具】12 号、13 号棒针
【材　　料】羊毛绒线 400g
【编织要点】
1. 圈织：用 13 号棒针起 297 针织边缘花样 20 行后，换 12 号棒针织花样，排 11 个花样织 5 组开挂肩，腋下平收 7 针，两侧按图示减针；前片领窝留 10cm，后领窝留 1.5cm，肩平收；
2. 袖：从下往上织；用 13 号棒针起 62 针织边缘花样 10 行后，换 12 号棒针先均加 21 针排花样织袖，两侧分别按图示加减针织出袖筒和袖山，织好后缝合；
3. 领：沿领窝挑 164 针，织全平针 6 行平收；
缝合各部分，完成。

V 形花圆领长袖衫

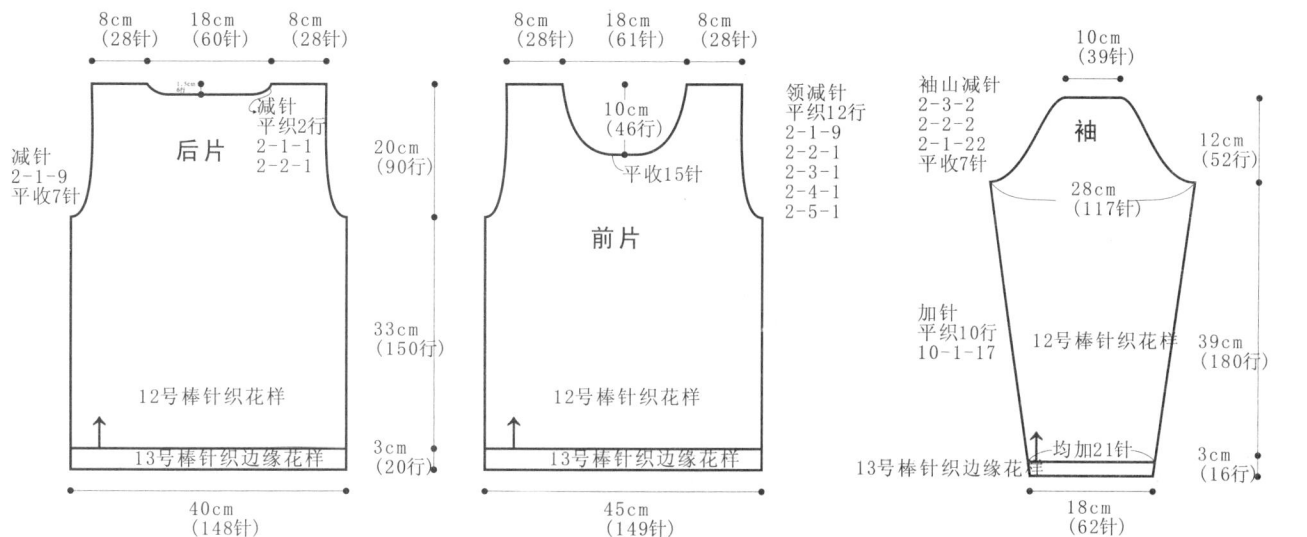

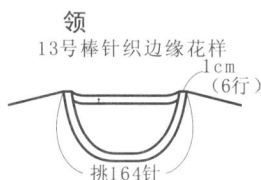

后片
8cm (28针)　18cm (60针)　8cm (28针)
减针 平织2行 2-1-1 2-2-1
减针 2-1-9 平收7针
20cm (90行)
33cm (150行)
12号棒针织花样
13号棒针织边缘花样
3cm (20行)
40cm (148针)

前片
8cm (28针)　18cm (61针)　8cm (28针)
10cm (46行)
平收15针
领减针 平织12行 2-1-9 2-2-1 2-3-1 2-4-1 2-5-1
12号棒针织花样
13号棒针织边缘花样
3cm
45cm (149针)

袖
10cm (39针)
袖山减针 2-3-2 2-2-2 2-1-22 平收7针
12cm (52行)
28cm (117针)
加针 平织10行 10-1-17
袖
12号棒针织花样
39cm (180行)
均加21针
13号棒针织边缘花样
18cm (62针)
3cm (16行)

领
13号棒针织边缘花样
1cm (6行)
挑164针

针法符号说明
O =加针
Q =扭针
人 =左上2针并1针
入 =右上2针并1针
⤬ =扭针右上并针
⤬ =扭针左上并针

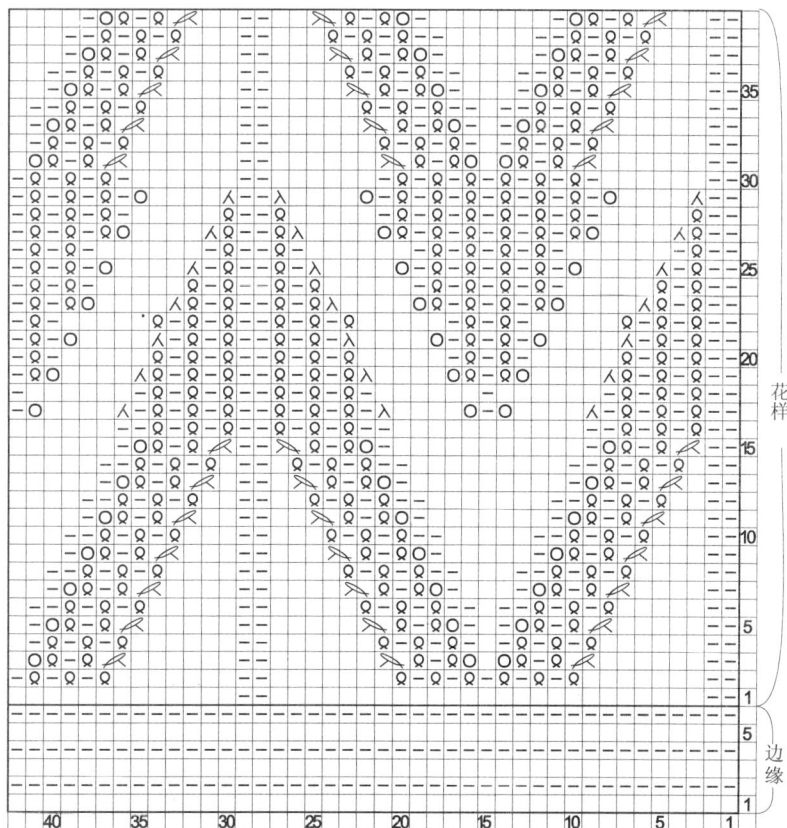

花样
边缘

□=□
编织花样

【成品尺寸】衣长 56cm，胸围 82cm，腰围 76cm，袖长 18cm，肩宽 34cm
【密　　度】40 针 ×43.5 行 =10cm²
【工　　具】13 号棒针
【材　　料】60/3 真丝线 4 股 195g
【制作方法】
衣服由 1 片后片、1 片前片、2 片袖片组成。下摆、袖口花样为横织。
1. 花样A: 参照身片花样 A 图解，下针起针法起 14 针，花样 A 编织，每组为 36 行，共织 10 组后缝合成圆形。
2. 腋下 (圈织)：①在花样 A 上挑针，每 10 行挑 9 针，共挑 36 次，即共挑 324 针。②下针编织，并按腋下加减针编织，因为圈织，加减针均在两侧进行，即每次加减针共为 4 次。如图，减 8 针时共织 80 行，加 5 针时后片继续下针织 60 行，前片第 5 次加针结束继续织 2 行后织花样 B(见花样 B 图解)，下针、花样 B 编织 8 行，此段为 30.5cm。织完分出前后片，前片 157 针、后片 155 针。
3. 分腋后后片：①按后袖窿减针下针编织，织 72 行。②排花编织，如花样 C 图，下针、花样 C、下针分别为 19 针、87 针、19 针，织 10 行。③织斜肩：按斜肩减针编织，注意花样 C 两边各留 14 针，此段为 1.5cm。
4. 分腋后前片：①排花编织：下针、花样 B、下针，按前袖窿减针编织，织 30 行。②分两边编织，如花样 B 图，下针、花样 B 编织，继续织 50 行。③织斜肩：斜肩为 8 行，按斜肩减针编织，此段为 1.5cm。相同方法织另一边。前、后片均织完后，前、后片肩部缝合。
5. 袖片：①参照袖片花样 A 图解，下针起针法起 14 针，花样 A 编织，每组为 30 行，共织 4 组后缝合成圆形。②花样 A 两边各留 8 行，按花样 A 挑针挑 93 针。往上按袖山减针编织，织 12cm。相同方法织另一片。均织完后，袖片与身片相缝合。

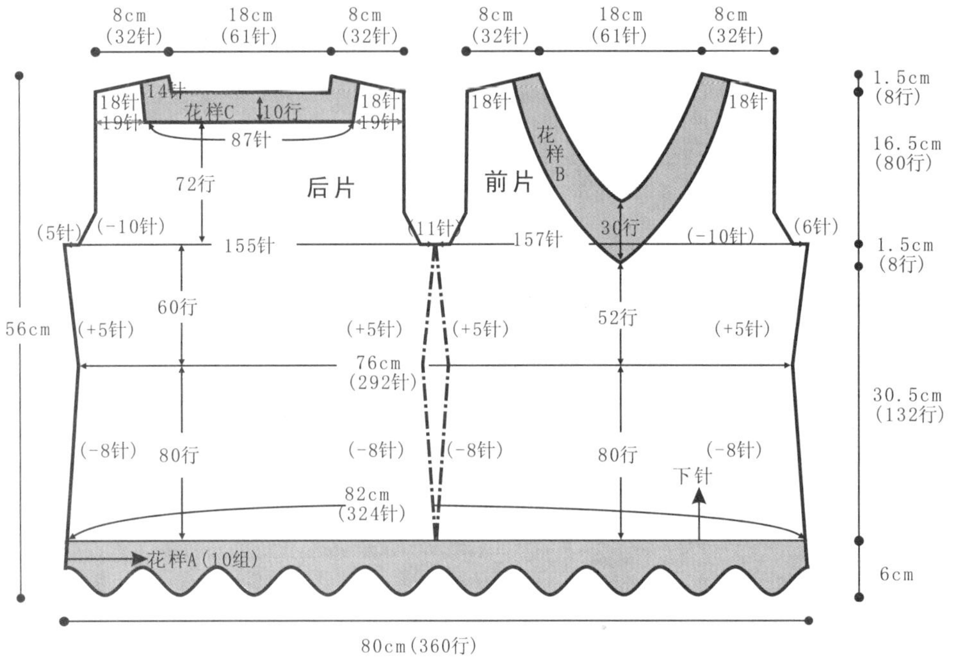

盛开的郁金香

花样A处挑针
10-9-36
行 针 次

腋下加减针
平织10行
10-1-4 ⎫
20-1-1 ⎬ 加针
10-1-6 ⎫
20-1-1 ⎬ 减针
行 针 次

后袖窿减针　前袖窿减针
平织65行　　平织65行
2-1-5　　　2-1-5
1-1-5　　　1-1-5
行针次　　　行针次
平收5针　　平收6针

斜肩减针
2-8-4
行针次

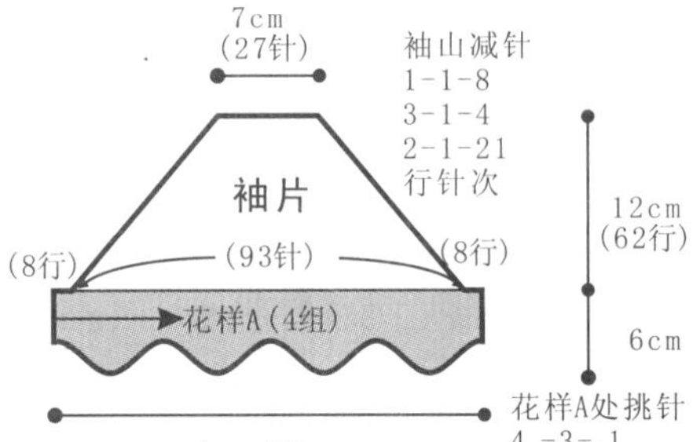

花样C图解(所标针数为衣服实际针数)

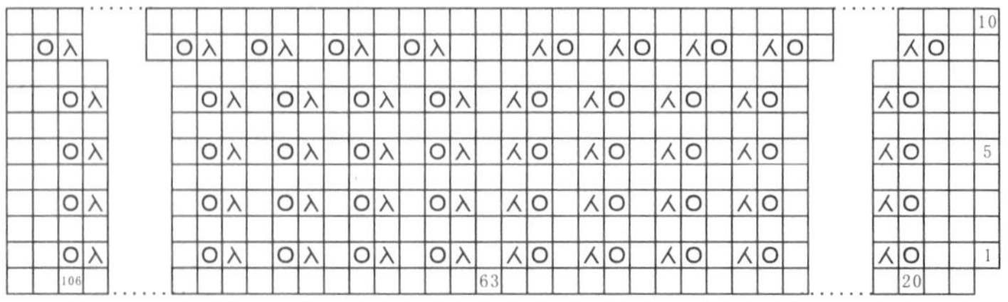

袖山减针
1-1-8
3-1-4
2-1-21
行针次

花样A处挑针
4 -3 -1
10-9-10
行 针 次

针法符号说明
▭ 上针　　□=▯ 下针　　Ο 镂空针　　⋏ 中上3针并1针
⋋ 左上2针并1针　　⋌ 右上2针并1针　　⋏ 上针左上2针并1针
⫛ 左上1针与右下1针交叉　　⫚ 右上1针与左下1针交叉

花样B图解

身片花样A图解（花样A=A1+A2、A1=6针×8行、A2=8针×36行）

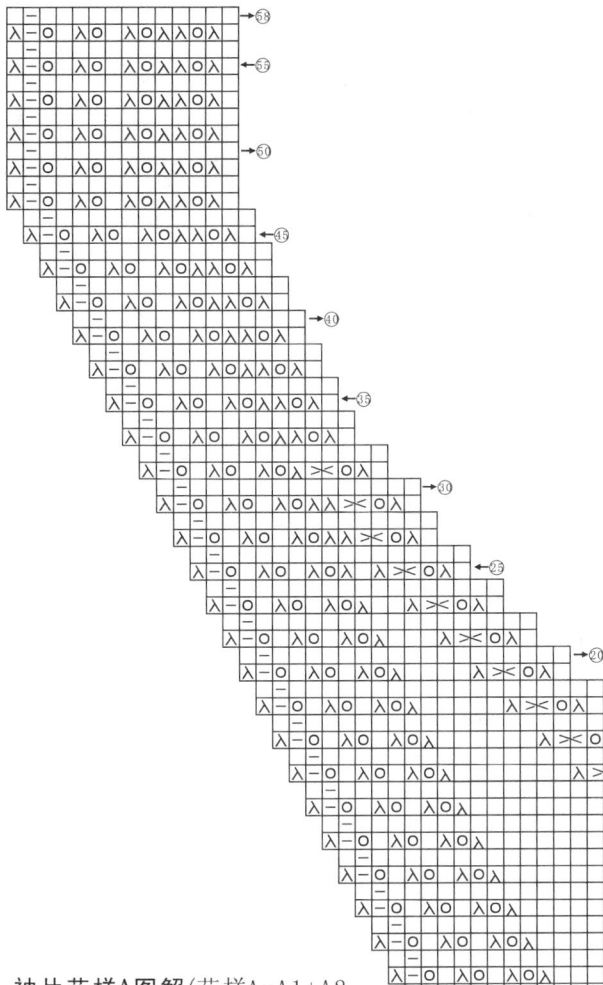

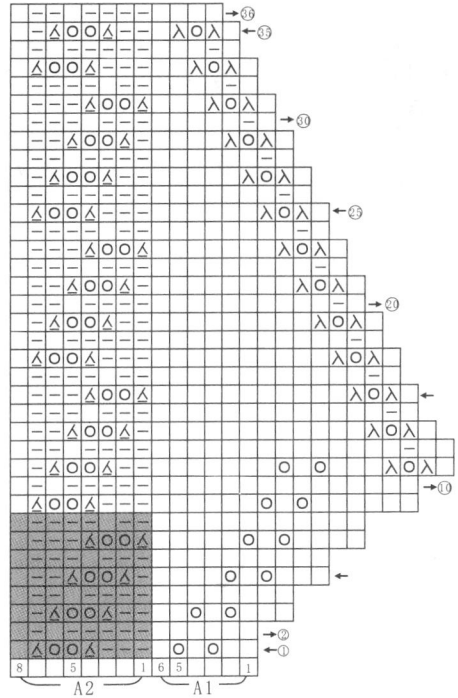

袖片花样A图解（花样A=A1+A2、A1=6针×8行、A2=8针×30行）

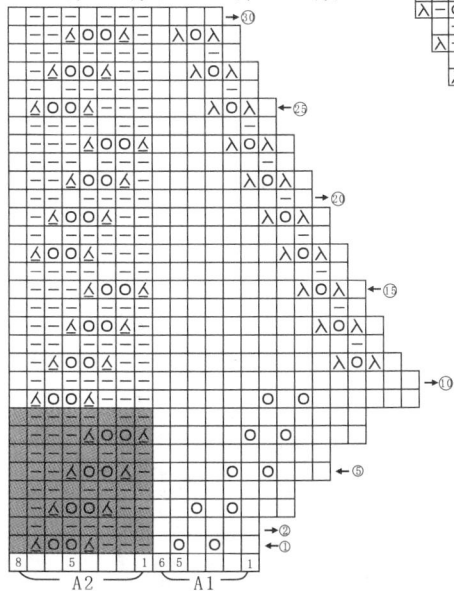

往上分
两边编织

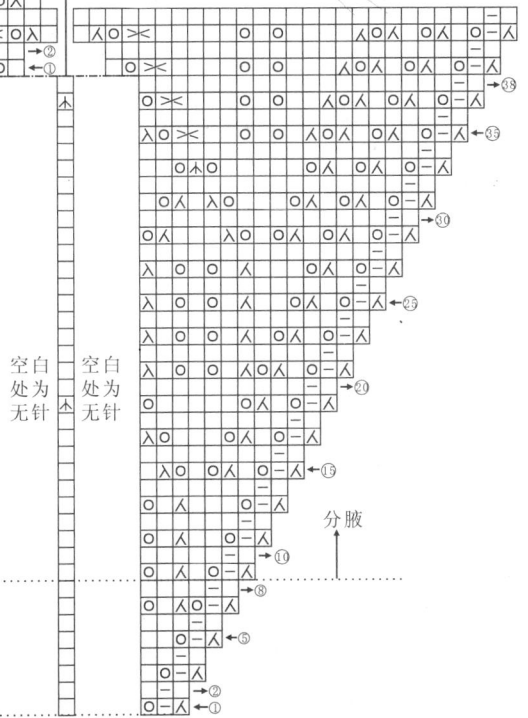

空白
处为
无针

空白
处为
无针

分腋

短款单扣开襟衫

【成品尺寸】衣长50cm，胸围82cm，袖长32cm，肩宽34cm
【密　　度】41针×45行=10cm²
【工　　具】13号、14号棒针，1.5mm钩针
【材　　料】60支70/30丝绒白色用线225g，1枚纽扣
【制作方法】
衣服为从下往上编织，由1片后片、2片前片、2片袖片组成；领口边缘用钩针钩织。
1. 后片：①用14号棒针，下针起针法起171针（针数排花见花样A图解说明）。换13号棒针花样A编织10组花，织31cm。②开袖窿：两边平收8针，两侧各减12针，减针方法见后袖窿减针，织16cm。④开后领、织斜肩：后领减针为中心留49针，两侧各减11针，按后领减针编织。织第9行时同时织斜肩，斜肩为引退编织，引退3次。
2. 前片（2片）：以左前片为例。①用14号棒针，下针起针法起87针（针数排花见花样A图解说明）。换13号棒针花样A编织7组花，织31cm。②开袖窿、开前领：两者为同时进行，编织方法均按袖窿减针及前领减针方法。织16cm。③织斜肩：引退针编织，按斜肩减针引退3次。前片与后片均织完后，对齐肩部、腋下缝合。
3. 袖片（2片）：①用14号棒针，下针起针法起129针（针数排花见花样A图解说明）。换13号棒针花样A编织7组花，织19cm。②织袖山：袖山两边各平收8针，然后按袖山减针编织，织13cm。袖片均织完后，袖片袖下缝合，并与身片相缝合。
4. 衣领：用1.5mm钩针挑针，在左前领、后领、右前领各挑72针、78针、72针，即共挑222针，然后按衣领图解钩织3行。在门襟一侧安一枚纽扣，另一侧用钩针钩一扣环。

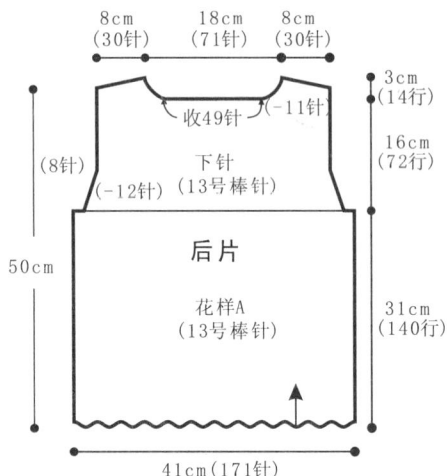

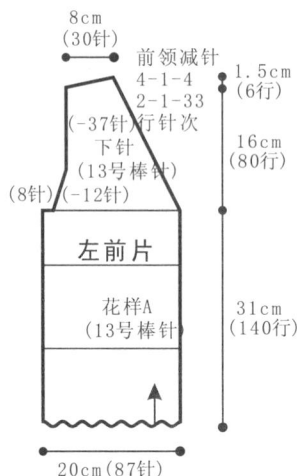

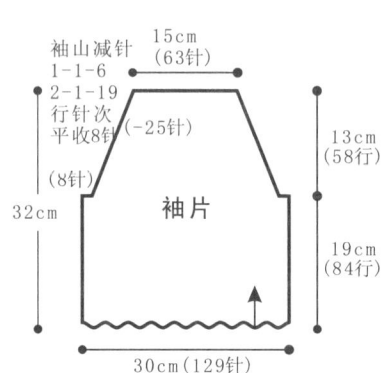

花样A图解(灰色块1组花=14针×14行)

后片171针排花：1针缝合针+12组花(168针)+1针(1组花中第1针)+1针缝合针
前片87针排花：1针边针+6组花(84针)+1针(1组花中第1针)+1针缝合针
袖片129针排花：1针缝合针+9组花(126针)+1针(1组花中第1针)+1针缝合针

衣领

衣领图解(钩针钩织)

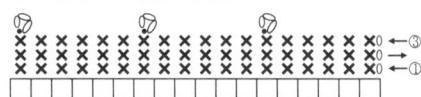

针法符号说明

□— 上针　□=□ 下针
○ 镂空针　人 中上3针并1针
○ 锁针　● 引拔针　✕ 短针

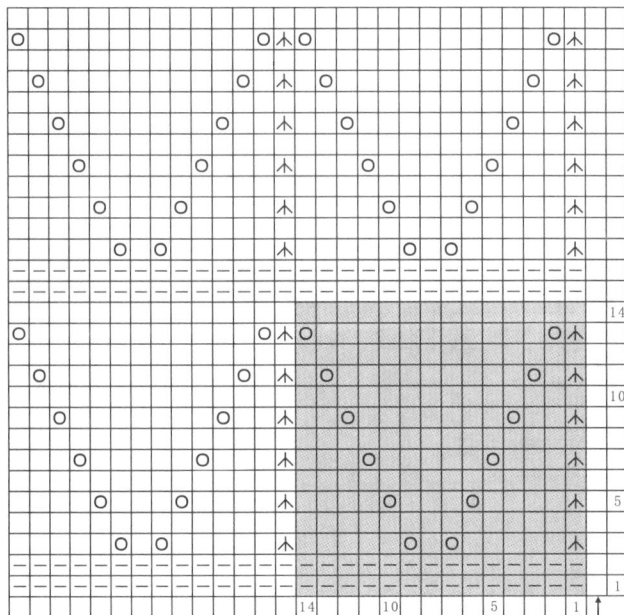

桃心领修身毛衣裙

【成品尺寸】衣长75cm，胸围88cm，腰围80cm，肩宽34cm，袖长52cm
【密　　度】花样A、B、C：34针×62行=10cm²；下针：38针×50行=10cm²
【工　　具】12号、13号、14号棒针
【材　　料】驼色貂绒线300g，珠粒若干
【制作方法】
衣服为从下往上编织，腰线以下为圈织，其中虚线实为一条线。腰线以上分前后片编织。

1. **腰线以下及腰线：** 参照结构图，图中虚线实为一条线。①用12号棒针，下针起针法起392针，花样A编织，织11cm。②花样A织完后均匀收28针，收针方法见图，均匀减28针。减完分出前后片，针数分别为185针、179针。③往上前后片两侧均减16针，减完前、后片针数分别为153针、147针，织31cm。④腰线：用13号棒针，花样B编织，织1cm。

2. **后片：** 起织时针数为149针，多出2针为两边缝合针。①用12号棒针，两侧各加5针，按后片袖窿下加5针编织，织13cm。②开袖窿：按后袖窿减针编织，两边平收7针，两侧各减9针，织17.5cm。④开后领、织斜肩：两者为同时进行，为8行，按后领减针及斜肩减针编织。

3. **前片：** ①参照结构图及分片后前片细节图，起织时针数为155针，分成3份：59针、37针、59针，其中37针为花样C，织13cm。②开袖窿：按前袖窿减针编织，两边平收7针，两侧各减11针，织5cm。③开前领：两侧各减32针，减针方法见前领减针，花样分配左侧：下针14针、花样23针（14针+9针），为37针；右侧下针14针、花样14针、在花样C中间9针处挑9针，也为37针，织14cm。④织斜肩：织最后8行时织斜肩，编织方法同后片。前、后片均织完后、腋下、肩部对齐缝合。

4. **袖片：** ①用14号棒针，搓板针编织8行；织完后均匀加48针，加针方法见图，均匀加48针。换12号棒针，花样A编织61行。织完后均匀减8针，按均匀减8针编织。此段为12cm。②按袖下加减针编织，织28cm。③织袖山：两边平收7针，两侧各减33针，按袖山减针编织，织12cm。相同方法织另一片。织完与身片相缝合。

5. **衣领：** 如衣领图，前后片对齐缝合后，前片多出9针，挑起9针，织一条与后领长度相当的花样B，织完与后领缝合，并在相应位置缝上珠粒，位置可参考衣领图。

结构图（圈织处虚线实为同一条线）

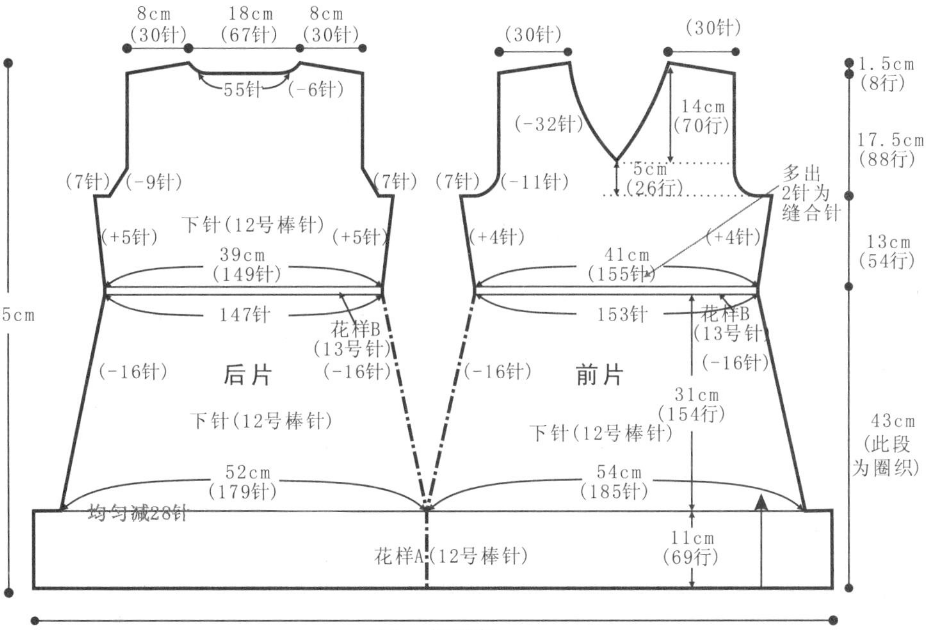

均匀减28针
14-1-28
行 针 次

圈织下针处每侧各减16针
8-1-7
10-1-5
12-1-4
行 针 次

前片袖窿
下加4针
平织18行
10-1-3
6-1-1
行 针 次

后片袖窿
下加5针
平织8行
10-1-4
6-1-1
行 针 次

前袖窿减针
平织54行
2-1-6
2-2-1
2-3-1
行 针 次
平收7针

后袖窿减针
平织70行
2-1-9
行 针 次
平收7针

前领减针
4-2-1
2-1-30
行 针 次

后领减针
平织2行
2-1-1
2-2-1
2-3-1
行 针 次

斜肩减针
2-8-1
2-7-2
2-8-1
行 针 次
平收55针

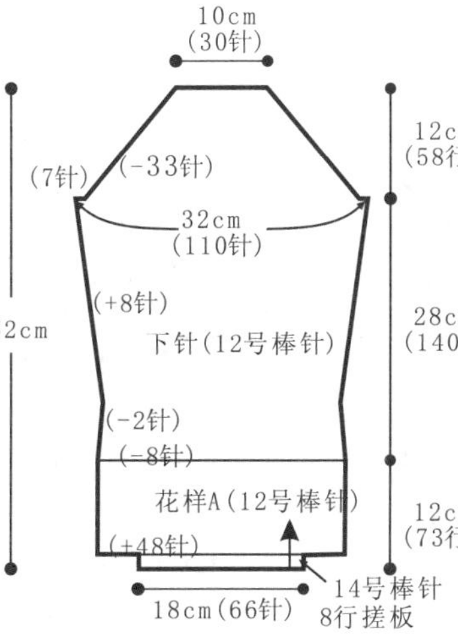

8cm（30针）　18cm（67针）　8cm（30针）
（30针）　（30针）
55针（-6针）
（-32针）
14cm（70行）
1.5cm（8行）
5cm（26行）
17.5cm（88行）
（7针）（-9针）　（7针）　（7针）（-11针）
下针（12号棒针）
（+5针）（+5针）　（+4针）
39cm（149针）　41cm（155针）
13cm（54行）
147针　花样B（13号针）（-16针）　153针　花样B（13号针）（-16针）
75cm
（-16针）　**后片**　**前片**　（-16针）
下针（12号棒针）
下针（12号棒针）
31cm（154针）
43cm（此段为圈织）
52cm（179针）　54cm（185针）
均匀减28针
花样A（12号棒针）
11cm（69行）
116cm（392针）

分片后前片细节图

（37针）　（37针）
14针23针　9针14针14针
挑9针
（-31针）下针处减　（-31针）下针处减
14 9 14
针 针 针
花样C
下针　下针
59针　37针　59针

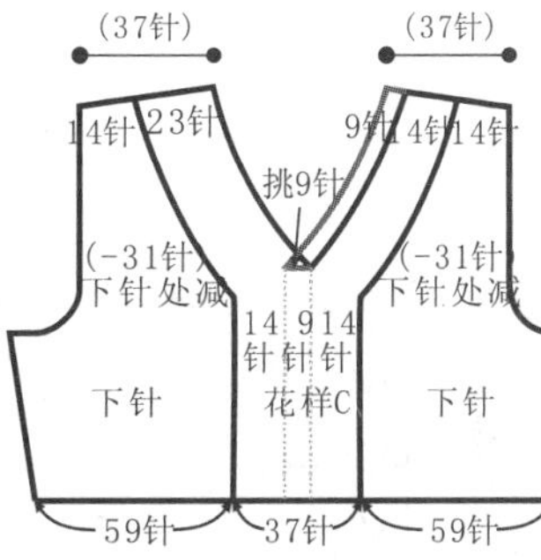

后领、珠珠缝合处

前、后片缝合后，前片多出9针
织相当长度花样B后与另一侧缝合
9针
花样B

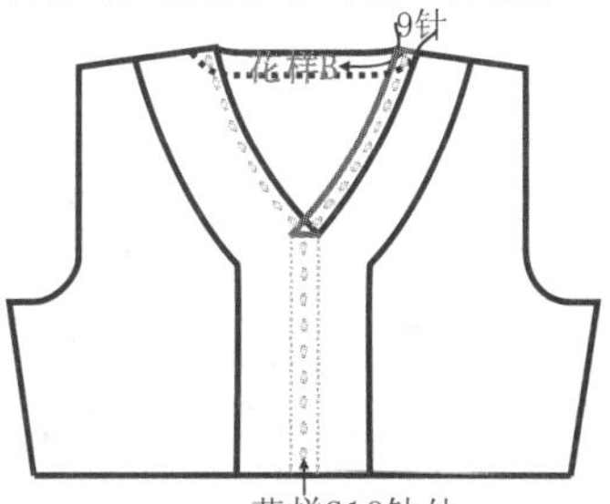

花样C19针处
每1组花样2粒

10cm（30针）
均匀加48针
1-1-31
2-1-17
行 针 次

均匀减8针
12-1-1
13-1-3
行 针 次

袖下加减针
平织10行
10-1-7
2-1-1 加针
20-1-2 减针
行 针 次

袖山减针
2-2-4
2-1-7
3-1-4
3-1-10
2-2-2
行 针 次
平收7针

（7针）（-33针）
32cm（110针）
12cm（58行）
12cm（73行）
52cm
（+8针）
下针（12号棒针）
28cm（140行）
（-2针）（-8针）
花样A（12号棒针）
（+48针）
14号棒针8行搓板
18cm（66针）

针法符号说明

符号	说明	符号	说明
―	上针	□=□	下针
○	镂空针	⋏	左上2针并1针
⋏	中上3针并1针	⋏	右上3针并1针	⋏	右上2针并1针

花样A图解(1组花=28针×69行，前片起针392针为14组花；袖片114针为4组花另加2针缝合针)

69行说明：1～4行为搓板针、第5行开始每16行为1组花(注意53～69行区别于另3组) 袖片行数共为73行，比搓板针多4行

（花样A符号图，右侧行数标记：69，53，52，45，40，37，36，20，5，4，1；底部针数标记：28，25，20，15，10，5，1）

花样C图解(1组花=37针×16行)第6行用于穿腰带

（花样C符号图，右侧行数标记：16，10，5，1；底部针数标记：37，35，30，25，20，15，10，5，1）

花样B图解
(1组花=6针×11行)第6行用于穿腰带

（花样B符号图，右侧行数标记：11，6，2，1；底部针数标记：6，2，1）

蕾丝领连衣裙

【成品尺寸】衣长72cm，胸围86cm，腰围80cm，肩宽35cm，袖长55cm
【密　　度】36针×48行＝10cm²
【工　　具】12号棒针，4号钩针
【材　　料】保蕊天豪3股线420g，蕾丝少许
【制作方法】
衣服从下往上编织，由1片后片、1片前片、2片袖片编织而成。花样A针数及减针均见花样A及花样A减针图。

1. 后片：①下针起针法起183针，花样A(见花样A及花样A减针图)编织，织34cm。花样A织至110行时，两侧收腰，按腋下加减针减针编织。②下针编织，同时按腋下加减针减针编织，织8cm。③开袖窿：两边平收5针，两侧各减10针，减针方法见后袖窿减针，织16.5cm。④开后领、织斜肩：两者为同时进行，共为8行；减针均按减针方法编织，此段为1.5cm。

2. 前片：①②类似后片、不同为起针187针，针数分配见花样A图。③开袖窿：袖窿两边平收7针，两侧各减10针，平织60行。④开前领、织斜肩：与③同时进行，中心留1针，并按前领减针编织，织8cm后开领窝，织第41行的同时织斜肩。前、后片均织完后，肩部、腋下无缝缝合。

3. 袖片(2片)：①下针起针法，起99针，花样A织25cm后下针编织，花样A针数分配见花样A及花样A减针图说明；同时并按袖下减针、袖下加针编织，此段为45cm。②织袖山：两边平收7针，两侧各减37针，按袖山减针编织，织10cm。相同方法织另一片，织完后与身片相缝合。

4. 衣领：用4号钩针，在前领、后领各挑84针、72针、84针，短针钩2行后钩1行狗牙后断线。

5. 收尾：在前领相应位置缝上蕾丝。

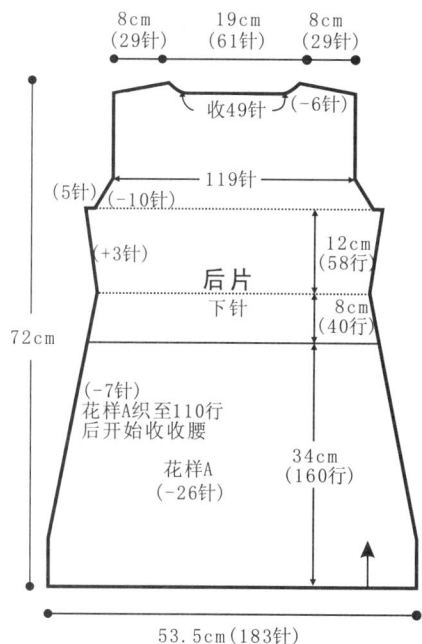

8cm(29针)　19cm(61针)　8cm(29针)

1.5cm(8行)
收49针(-6针)

16.5cm(76行)
119针
(5针)(-10针)

(+3针)
后片
下针
12cm(58行)
8cm(40行)

72cm

54cm(258行)

(-7针)
花样A织至110行
后开始收收腰

花样A(-26针)

34cm(160行)

53.5cm(183针)

腋下加减针
平织12行
14-1-2
16-1-1 加针
平织16行
12-1-7 减针
行 针 次
花样A处减针如图

后袖窿减针
平织60行
2-1-6
2-2-2
行 针 次
平收5针

后领减针
平织2行
2-1-1
2-2-1
2-3-1
行针次
中间平收49针

肩斜减针
2-7-3
2-8-1
行 针 次

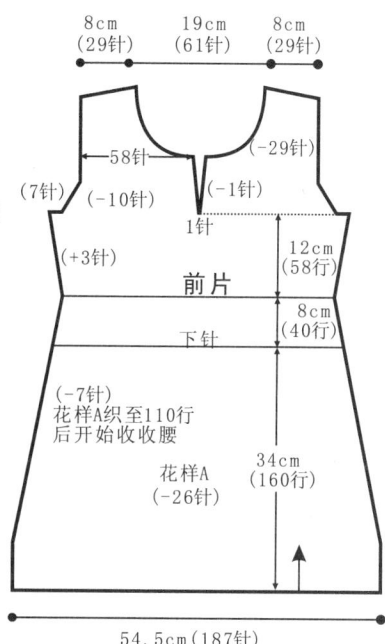

8cm(29针)　19cm(61针)　8cm(29针)

(-29针)
58针
(7针)(-10针)　(-1针)

1针

(+3针)
前片
下针
12cm(58行)
8cm(40行)

(-7针)
花样A织至110行
后开始收收腰

花样A(-26针)

34cm(160行)

54cm(258行)

54.5cm(187针)

前袖窿减针
平织60行
2-1-6
2-2-2
行 针 次
平收7针

10cm(48行)
8cm(36行)

前领减针
平织12行
4-1-1
2-1-10
2-2-3
2-3-1
2-4-1
2-5-1
平织18行
18-1-1
行 针 次
平收1针

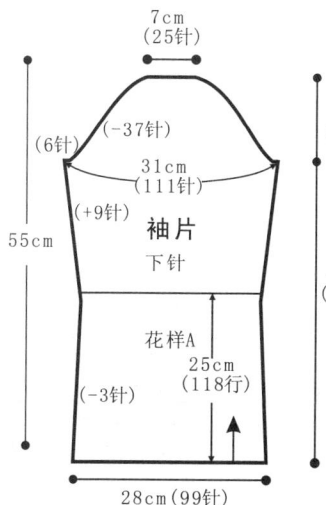

7cm(25针)

(-37针)
(6针)
31cm(111针)
(+9针)

袖片
下针

55cm

花样A(-3针)

25cm(118行)

10cm(48行)

45cm(216行)

28cm(99针)

袖下减针
平织18行
16-1-2
64-1-1
行 针 次

袖下加针
平织10行
8-1-3
10-1-5
18-1-1
行 针 次

袖山减针
2-5-1
2-4-1
2-3-1
2-2-2
2-1-17
2-2-2
行针次

衣领

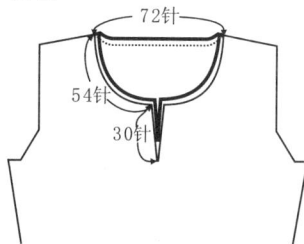

72针
54针
30针

衣领图解(钩针钩织)

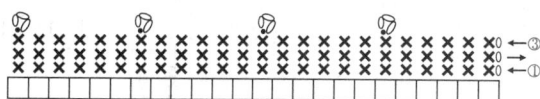

[101]

花样A及花样A减针图

花样说明： 花样A由叶子多少分为两种花：A1、A2。

前片： 起针183针，5组花+3针(缝合针2针及1组花第1针)。其中A1为3组，A2为2组。A1、A2第一段至第三段相同，第一段不加减针；第二段第66行时每组花减2针；第三段第95行时每组花减2针。第四段开始，A1织至120行花样结束，第119行时每组减2针，A2不加减针编织至第5段花样结束。等花样A均织完后，共为160行，A1共3组花减去18针，A2共2组花减去8针，即花样结束后，花样共减去26针。

后片： 起针187针：1针缝合针、2针上针、5组花(180针)、1组花第1针、2针上针、1针缝合针。

袖片： 每组花样32针，花样A相应进行调整。起99针：1针缝合针、3组花样(96针)、1组花第1针、1针缝合针。袖片少1片叶片，共118行。

花样A第一部分(第1~96行)

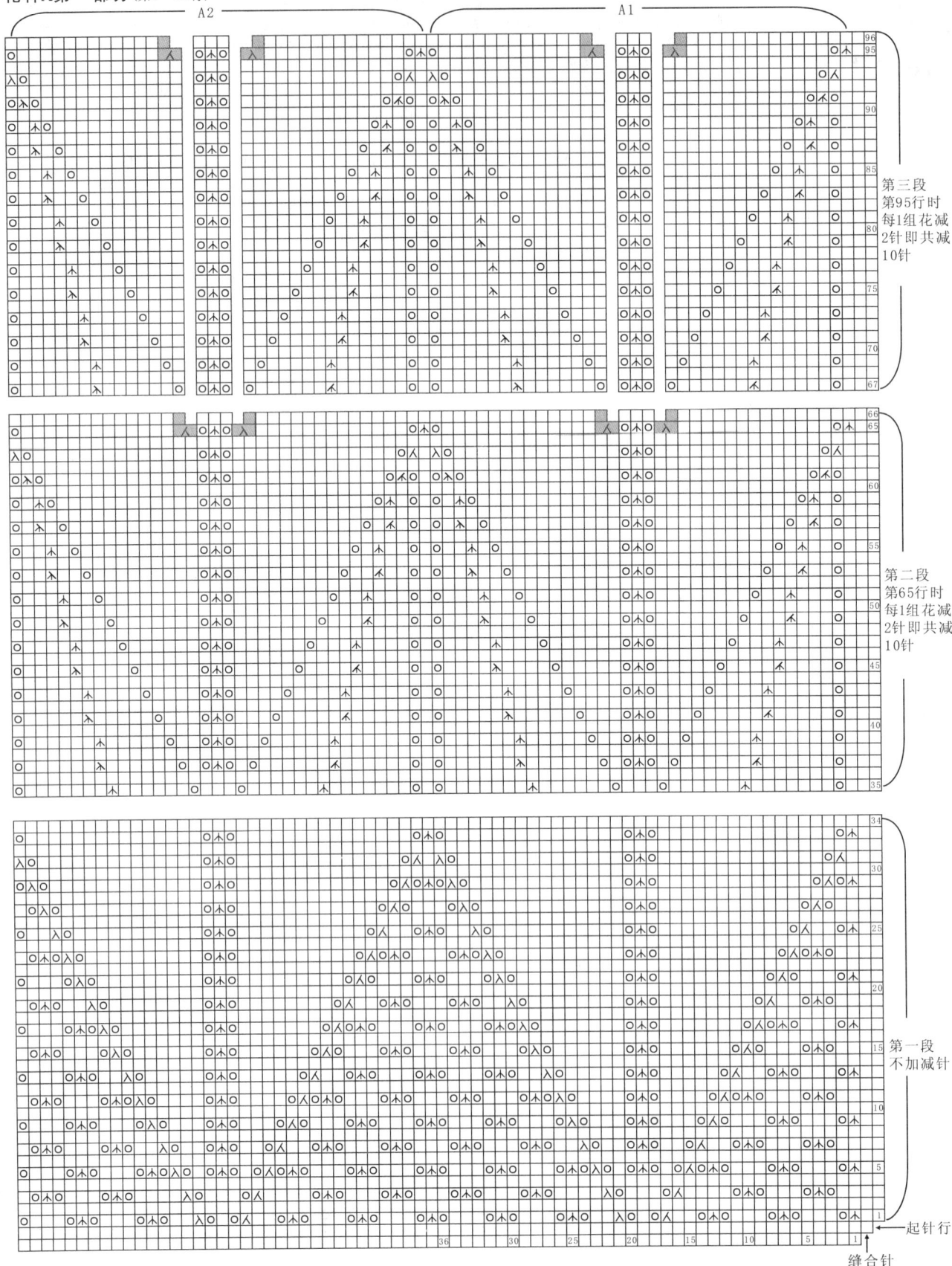

第三段
第95行时
每1组花减
2针即共减
10针

第二段
第65行时
每1组花减
2针即共减
10针

第一段
不加减针

起针行

缝合针

花样A第二部分(第97～150行)

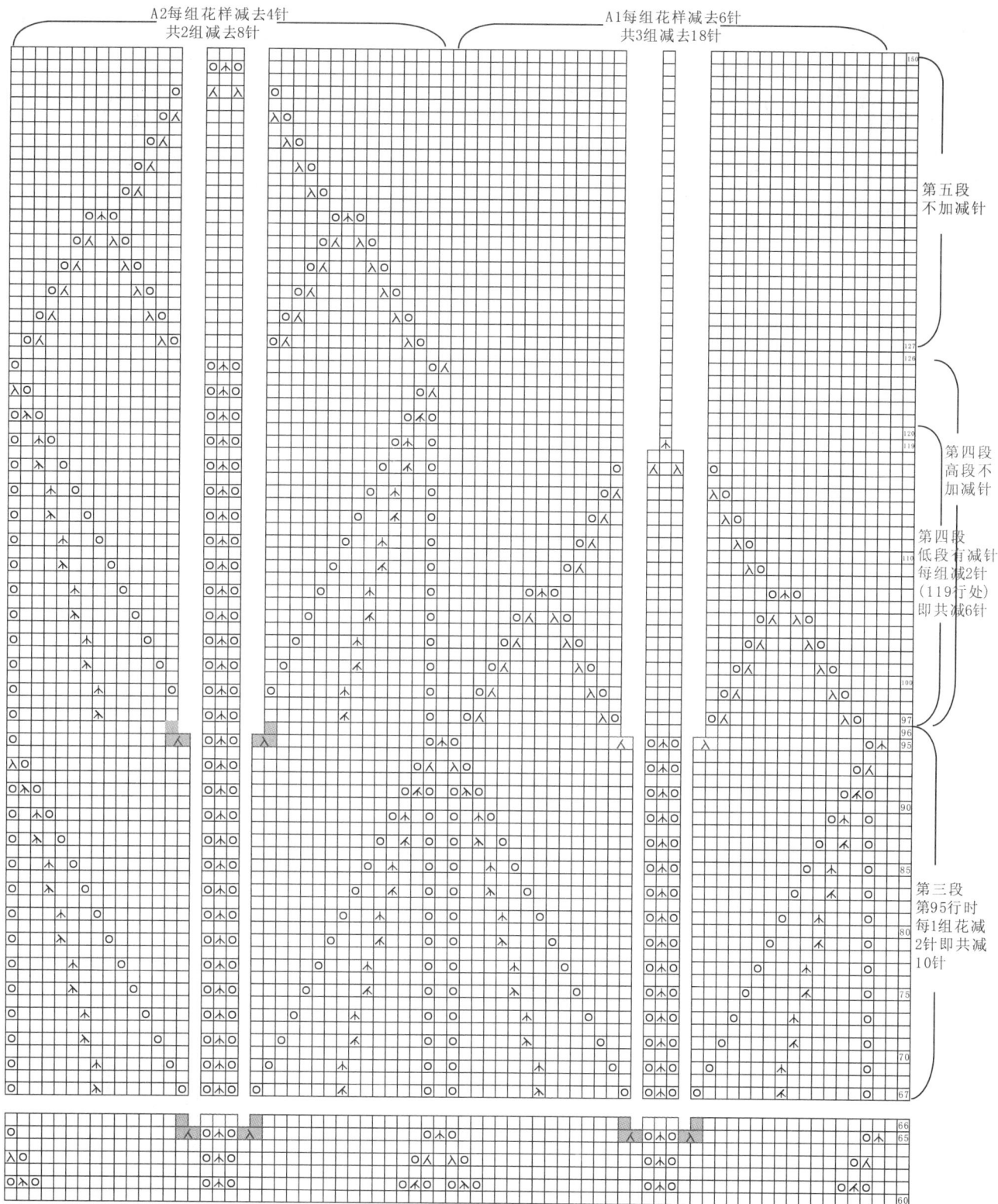

A2每组花样减去4针
共2组减去8针

A1每组花样减去6针
共3组减去18针

第五段
不加减针

第四段
高段不
加减针

第四段
低段有减针
每组减2针
(119行处)
即共减6针

第三段
第95行时
每1组花样减
2针即共减
10针

针法符号说明

□— 上针　　□=□ 下针　　◎ 镂空针

木 中上3针并1针　　＜ 左上3针并1针　　＞ 右上3针并1针

人 左上2针并1针　　人 右上2针并1针

◯ 锁针　　● 引拔针　　✕ 短针

妖媚诱惑针织衫

【成品尺寸】衣长57cm，胸围87cm，腰围81cm，肩宽35cm，袖长52cm
【密　　度】33针×48.5行=10cm²
【工　　具】12号、13号棒针
【材　　料】26/2羊绒线3股310g
【制作方法】
衣服从下往上编织，由1片后片、1片前片、2片袖片编织而成。
1. 后片：①用13号棒针，下针起针法起142针，织11行，换12号棒针，下针编织9行后对折缝合，继续织2行下针，此段为2cm。②12号棒针，花样A编织，同时按腋下加减针编织，织37m。③开袖窿：两边平收6针，两侧各减7针，按后袖窿减针，织16.5cm。④开后领、织斜肩：两者为同时进行，共为8行，均按减针方法编织。
2. 前片：①同后片。②按均匀放4针，在①织完后均匀加4针，然后12号棒针，反面排花，花样A、B编织，针数如图，往上两侧同后片加减针，织37cm。③开袖窿：两边平收6针，两侧各减9针，减针方法见前袖窿减针，织20行，刚好袖窿减针减完。④开前领、织斜肩：⑤结束后就分两边编织，注意花样B的分配，左侧，19针，即15针加中间4针；右侧，在中间4针上挑4针后与右侧15针一起成19针。减针均在花样A处进行，按前领减针编织，织88行，然后同时织斜肩，斜肩编织方法同后。注意前后比后片多8行。前、后片均织完后，前后片肩部、腋下缝合。
3. 袖片(2片)：①用13号棒针，下针起针法，起60针，织10行，换12号棒针织8行下针，对折缝合，继续织2行下针。②用12号棒针，花样A编织，同时两侧按袖下加减针编织，织38cm。③织袖山：袖山两边各平收6针，然后按袖山减针编织，织12cm。相同方法织另一片。袖片均织完后，与身片相缝合。
4. 衣领：如衣领图，因前片比后片多出8行，在与后片缝合后，在多出4行上挑4针，织一条与后领长度相当的花样B中心4针后，与另一侧缝合。

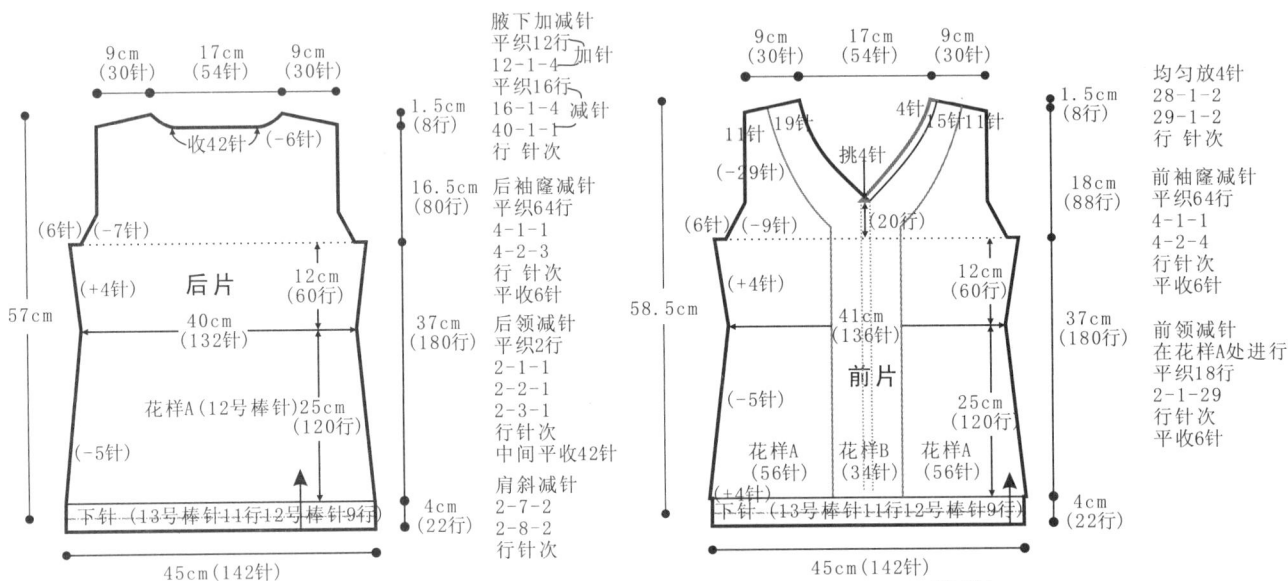

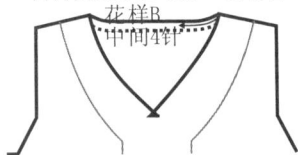

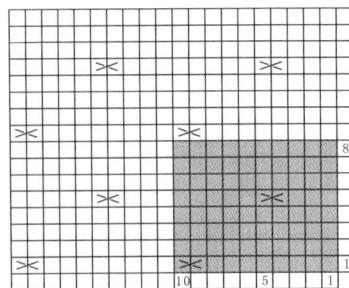

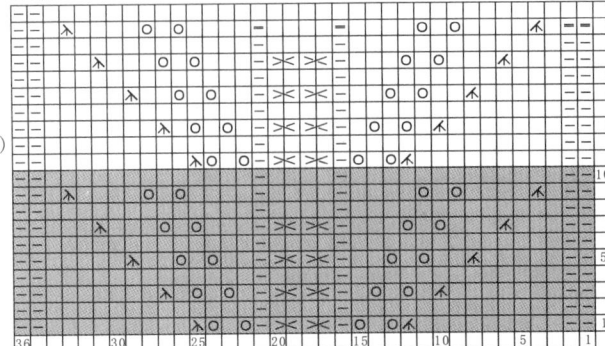

针法符号说明

符号	说明
―	上针
○	镂空针
□=│	下针
左上3针并1针
右上3针并1针
左上1针与右下1针交叉
右上1针与左下1针交叉

【成品规格】衣长 55cm，胸围 80cm，袖长 54cm
【编织密度】42 针 ×54 行 =10cm²
【工　　具】13 号棒针
【材　　料】蒙特思羊绒线 250g
【编织要点】
1. 圈织：下摆起 340 针织边缘花样 4 行再织花样 2 层，上面织平针，均收 20 针，并在侧缝加减针织腰线，织 29cm 开挂，腋下平收 6 针，再依次减 12 针，前片领窝深 13cm，后领窝深 7cm；肩织平肩；
2. 袖：起 68 针织边缘 4 行再织 1 层花样后均加 10 针，织平针，并在两侧依次减针，织 40cm 收挂肩，织好后缝合；
3. 领：沿领窝挑 272 针织好花样后均收 40 针，再织边缘花样；完成。

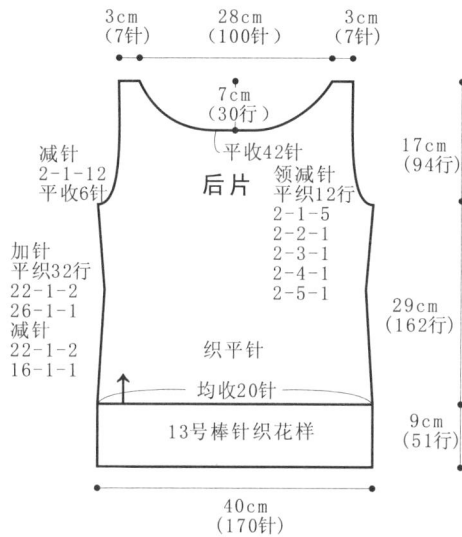

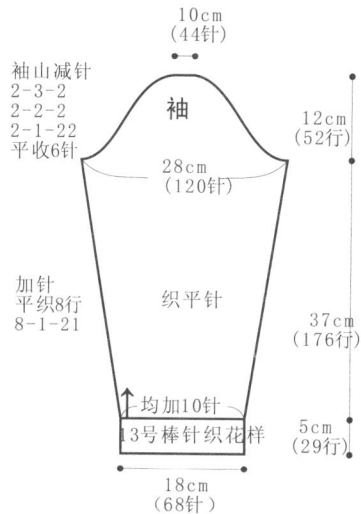

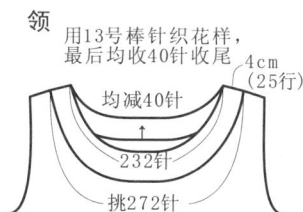

精致钩花套头衫

后片

3cm（7针）　28cm（100针）　3cm（7针）

7cm（30行）
平收42针

17cm（94行）

减针
2-1-12
平收6针

领减针
平织12行
2-1-5
2-2-1
2-3-1
2-4-1
2-5-1

加针
平织32行
22-1-2
26-1-1
减针
22-1-2
16-1-1

织平针

均收20针

29cm（162行）

13号棒针织花样

9cm（51行）

40cm（170针）

前片

3cm（7针）　28cm（100针）　3cm（7针）

13cm（64行）

领减针
平织14行
2-1-21
2-2-1
2-3-1
2-4-1
2-5-1

平收30针

织平针

均收20针

13号棒针织花样

40cm（170针）

袖

10cm（44针）

袖山减针
2-3-2
2-2-2
2-1-22
平织6针

袖

28cm（120针）

12cm（52行）

织平针

加针
平织8行
8-1-21

37cm（176行）

均加10针
13号棒针织花样

5cm（29行）

18cm（68针）

领

用13号棒针织花样，
最后均收40针收尾

4cm（25行）

均减40针

232针

挑272针

针法符号说明

符号	说明
O	=加针
Q	=扭针
人	=左上2针并1针
入	=右上2针并1针

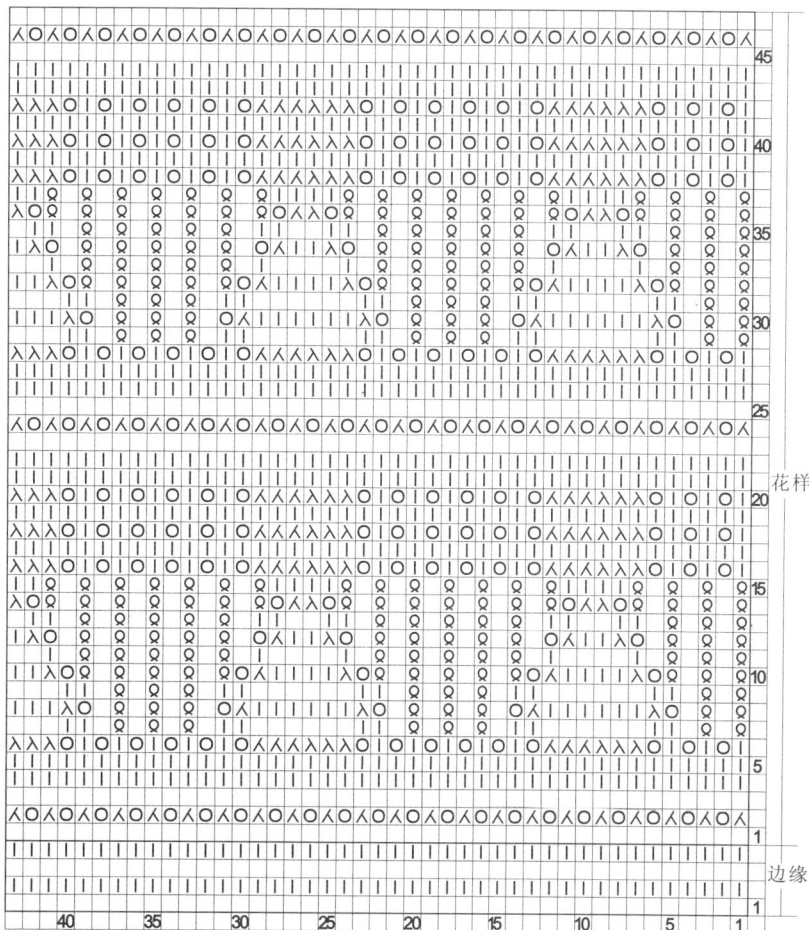

□=－

编织花样

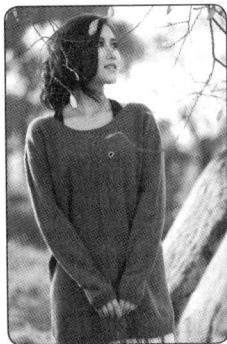

【成品尺寸】衣长70cm，胸围110cm，肩宽47cm，袖长53cm
【密　　度】12号棒针：31针×44行=10cm²；14号棒针：34针×60行=10cm²
【工　　具】12号、14号棒针
【材　　料】咖啡色绒线480g
【制作方法】
衣服为从下往上编织，由1片前片、1片后片、2片袖片编织而成。
1. 后片：①用14号棒针，双罗纹起针法起170针，织3cm。②换12号棒针，上针编织，织48cm。③开袖窿：两边平收7针，两侧各减8针，减针方法见袖窿减针，织17.5cm。④开后领、织斜肩：两者为同时进行，共为8行；减针均按减针方法编织，此段为1.5cm。
2. 前片：①同后片。②换12号棒针，排花编织，排花及针数见图，花样A见花样A图解，织48cm。③开袖窿：两边平收7针，两侧各减8针，减针方法同后片，织9cm。④开前领、织斜肩：按前领减针编织，织第37行的同时织斜肩，斜肩织法同后片。前、后片均织完后，肩部、腋下缝合。
3. 袖片(2片)：①用14号棒针，双罗纹起针法，起60针，织3cm。②换12号棒针，下针编织，织第1行时均匀加8针，加针方法见图均匀加8针，往上两侧逐渐加针，加针方法见袖下加针，织38cm。③织袖山：按袖山减针编织，织12cm。相同方法织另一片。袖片均织完后，与身片相缝合。
4. 衣领：用14号棒针，前、后领各挑108针、80针，即共挑188针，双罗纹编织12行后收针。

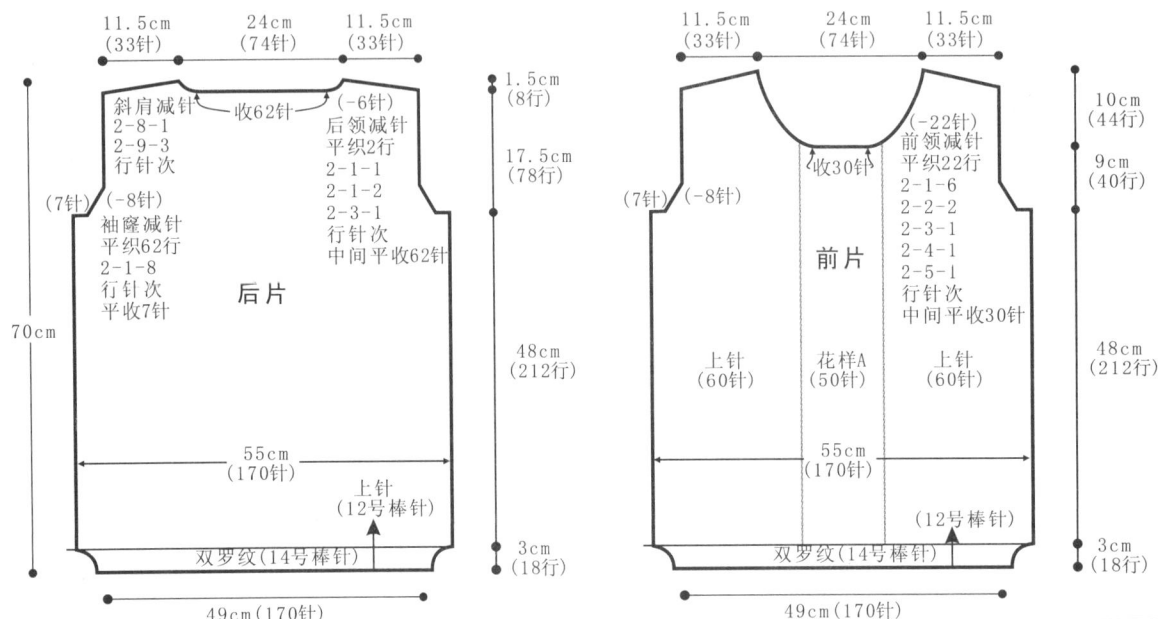

后片

11.5cm (33针)　24cm (74针)　11.5cm (33针)

斜肩减针
2-8-1
2-9-3
行针次

收62针　　(-6针)

后领减针
平织2行
2-1-1
2-1-2
2-3-1
行针次
中间平收62针

1.5cm (8行)
17.5cm (78行)

(7针) (-8针)

袖窿减针
平织62行
2-1-8
行针次
平收7针

70cm

48cm (212行)

55cm (170针)
上针 (12号棒针)

双罗纹(14号棒针)

49cm(170针)

3cm (18行)

前片

11.5cm (33针)　24cm (74针)　11.5cm (33针)

收30针　(-22针)

前领减针
平织22行
2-1-6
2-2-2
2-3-1
2-4-1
2-5-1
行针次
中间平收30针

10cm (44行)
9cm (40行)

(7针) (-8针)

上针 (60针)　花样A (50针)　上针 (60针)

48cm (212行)

55cm (170针)

双罗纹(14号棒针)　(12号棒针)

49cm(170针)

3cm (18行)

袖片

12cm (22针)

袖山减针
2-1-18
4-1-14
行针次
(7针) (-32针)

30cm (100针)

(+16针)
袖下加针
平织8行
10-1-16
行针次
(+8针)

12cm (52行)
38cm (168行)

53cm

上针 (12号棒针)

均匀加8针
6-1-2
7-1-6
行针次

双罗纹 (14号棒针)
14cm (60针)
3cm (18行)

衣领(14号棒针双罗纹织12行)

80针　12行
108针

针法符号说明

□ = 上针　I 下针　Ø 扭针　右上1针扭针交叉　↑ 编织方向

右上1针扭针与左下1针下针交叉　左上1针扭针与右下1针下针交叉

右上3针交叉

花样A图解(中间绞花1组花=12针×12行，整体1组花针数为50针)

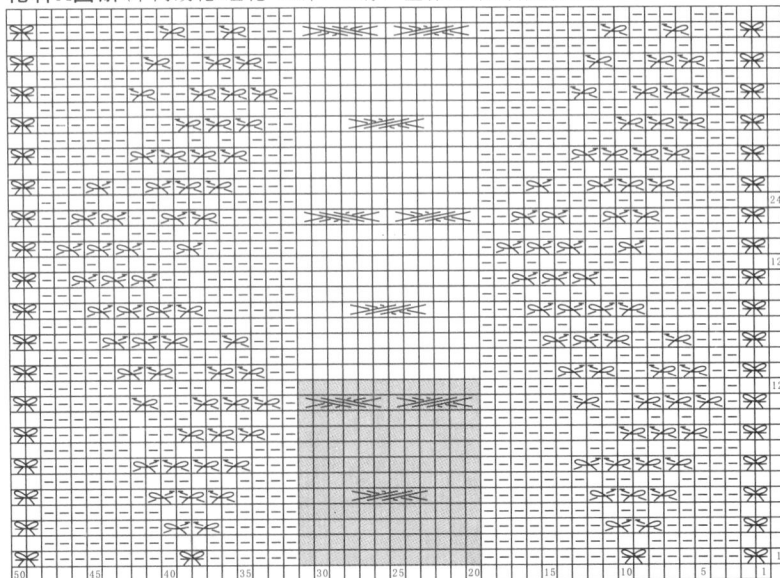

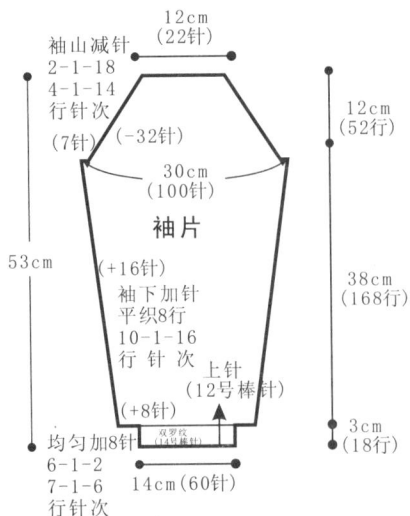

50　45　40　35　30　25　20　15　10　5　1

106

紫色淑女长袖衫

【成品尺寸】衣长52cm，胸围82cm，腰围78cm，肩宽36cm，袖长52cm
【密　度】12号环针：33针×47行=10cm²；13号环针：34针×60行=10cm²
【工　具】12号、13号环针，2.0mm钩针
【材　料】36/2羊绒线 4股 300g
【制作方法】
衣服为从下往上编织，由1片后片、1片前片、2片袖片组成。领口、下摆、袖口边缘用钩针钩织。
1. 后片：①用13号棒针，下针起针法起142针，搓板针编织，织10行。②换12号棒针，两侧按腋下加减针编织。同时花样A编织，花样A及针数排花见花样A图解织28行。下针编织，织26cm。③开袖窿：两边平收5针，两侧各减8针，减针方法见袖窿减针，织16.5cm。④开后领、织斜肩：两者为同时进行；减针方法均按图示编织，织斜肩时用引退针编织，此段为1.5cm。
2. 前片：①②同后片。③开袖窿：两边平收5针，两侧各减8针，减针方法同后片，织8cm。⑤开前领、织斜肩：按前领减针织10cm，织至第41行的同时织斜肩。斜肩织法同后片。前片与后片均织完后，前后片肩部、腋下缝合。
3. 袖片（2片）：①用13号棒针，下针起针法起69针，搓板针编织，织10行。②换12号棒针，两侧同时加针，加针方法见袖下加针；织28行花样A后换下针编织，此段为39.5cm。③织袖山：袖山两边各平收5针，然后按袖山减针编织，织10.5cm。相同方法织另一片。均织完后与袖下缝合，并与身片相缝合。
4. 衣领、袖口、下摆：用13号棒针，前、后领各挑102针、60针，机器领编织（参考男装机器领图解）。机器领织后用钩针按花样B图解钩织。袖口、下摆按花样B图解钩织花边。
5. 单元花装饰：按单元花C、D图解钩织单元花，钩完后缝合在前片相应位置，可参考前片图。

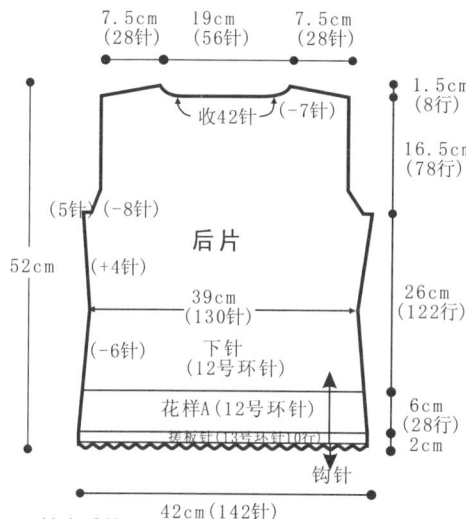

后片

7.5cm（28针） 19cm（56针） 7.5cm（28针）
收42针（-7针）
1.5cm（8行）
16.5cm（78行）
（5针）（-8针）
（+4针）
52cm
39cm（130针）
下针（12号环针）
26cm（122行）
（-6针）
花样A（12号环针）
搓板针（13号环针织10行）
钩针
6cm（28行）2cm
42cm（142针）

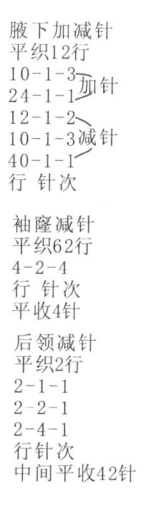

腋下加减针
平织12行
10-1-3 加针
24-1-1
12-1-2
10-1-3 减针
40-1-1
行 针次

袖窿减针
平织62行
4-2-4
行 针次
平收4针

后领减针
平织2行
2-1-1
2-2-1
2-4-1
行 针次
中间平收42针

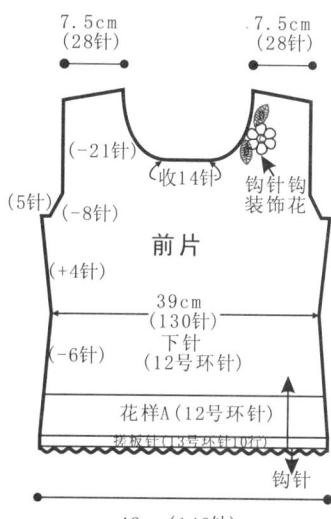

前片

7.5cm（28针） 7.5cm（28针）
（-21针）
收14针
钩针钩装饰花
（5针）（-8针）
（+4针）
39cm（130针）
下针（12号环针）
26cm（122行）
（-6针）
花样A（12号环针）
搓板针（13号环针织10行）
钩针
6cm（28行）2cm
42cm（142针）

前领减针
平织24行
4-1-1
2-1-6
2-2-1
2-3-1
2-4-1
2-5-1
行 针次
中间平收14针
10cm（48行）
8cm（38行）

斜肩减针
2-7-4
行 针次
26cm（122行）
6cm（28行）2cm

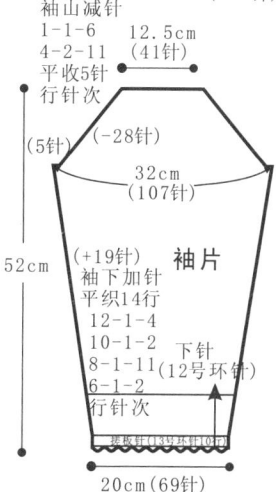

袖山减针
1-1-6
4-2-11
平收5针
行 针次
12.5cm（41行）
（5针）（-28针）
32cm（107针）
10.5cm（50行）
袖片
52cm
（+19针）
袖下加针
平织14行
12-1-4
10-1-2
8-1-11
6-1-2
行 针次
下针（12号环针）
33.5cm（154行）
搓板针（13号环针织10行）
6cm（28行）2cm
20cm（69针）

衣领（13号环针织机器领，钩针钩花边）

60针
102针

说明：机器领编织参考男装机器领图解

花样B（灰色块为一组花）

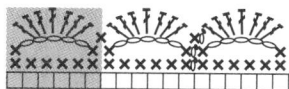

单元花C、D图解

单元花C（1枚）

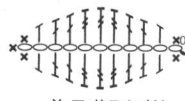

单元花D（1枚）

针法符号说明
━ 上针　□=| 下针
◎ 镂空针　∧ 中上3针并1针
人 左上2针并1针　入 右上2针并1针
◯ 锁针　● 引拔针　× 短针　| 长针

花样A图解（1组花=23针×28行）

前片142针排花：1针缝合+6组花（138针）
+1组花第1、2针+1针缝合

袖片69针排花：3组花（旁侧两针作为缝合针）

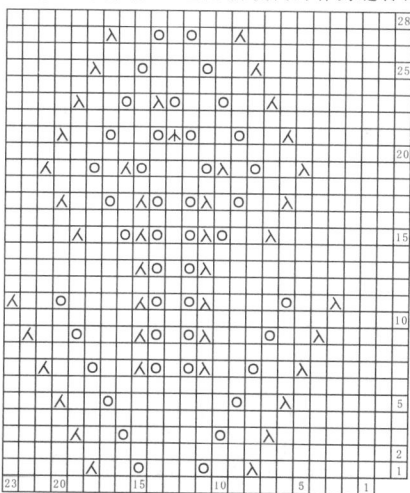

搓板针

【成品尺寸】衣长73cm，胸围90cm，腰围80cm，肩宽38cm，袖长54cm
【密　　度】12号棒针：37针×48行=10cm²；14号棒针：46针×66行=10cm²
【工　　具】12号、14号棒针
【材　　料】至尊貂羊绒线300g；配线羊绒紫红线150g；弹力丝若干
【制作方法】
衣服为从下往上编织，由1片后片、1片前片、2片袖片编织而成。
1. 后片：①用14号棒针，加弹力丝，双罗纹起针法起171针，织10cm。②换12号棒针，下针编织，并同时按腋下加减针编织，织43cm。③开袖窿：两边平收7针，两侧各减8针，减针方法见后袖窿减针，织18.5cm。④开后领、织斜肩：两者同时进行，共为8行；减针均按减针方法编织，此段为1.5cm。
2. 前片：①同后片。②换12号棒针下针编织，并同时按腋下加减针编织，织37cm后，中心织花样A，针法见花样A针法图，继续织6cm。③开袖窿：两边平收7针，两侧各减9针，减针方法见前袖窿减针；④织斜肩：引退编织，编织方法同后片。前、后片均织完后，肩部、腋下无缝缝合。
3. 袖片(2片)：①用14号棒针，加弹力丝，双罗纹起针法，起74针，织7cm。②换12号棒针，下针编织，均匀加6针，加针方法见图均匀加7针，往上两侧逐渐加针，加针方法见袖下加针，织34cm。③织袖山：袖山两边各平收8针，然后按袖山减针编织，织13cm。相同方法织另一片。袖片均织完后，与身片相缝合。
4. 衣领：用12号棒针，按领编织说明编织。

后片

9.5cm(32针)　19cm(61针)　9.5cm(32针)
收51针　(-5针)
1.5cm(8行)
18.5cm(88行)
(7针)　(-8针)　(7针)
平织16行 (+4针)
10-1-3
14-1-1
行 针 次
40cm(147针)
73cm
(-12针)
8-1-5
10-1-3
12-1-2
14-1-1
40-1-1
行 针 次
下针(12号棒针)
43cm(208行)
10cm(66行)
双罗纹(14号棒针)
37cm(171针)

腋下加减针
平织16行
10-1-3 加针
14-1-1
8-1-5
10-1-3 减针
12-1-2
14 1 1
40-1-1
行 针 次

后袖窿减针
平织75行
2-1-5
1-1-3
行 针 次
平收7针

后领减针
平织2行
2-1-1
2-2-2
行 针 次
平收51针

斜肩减针
2-8-4
行 针 次

前片

9.5cm(32针)　19cm(59针)　9.5cm(32针)
花样A
1.5cm(8行)
18.5cm(88行)
(7针)　(-9针)　(7针)
平织16行 (+4针)
第86针
40cm(147针)
前片
(-12针)
下针(12号棒针)
6cm(28行)
前袖窿减针
平织75行
2-1-6
1-1-3
行 针 次
平收7针
37cm(180行)
10cm(66行)
双罗纹(14号棒针)
37cm(171针)

袖片

10cm(36针)
均匀加6针
10-1-2
11-1-4
行 针 次
13cm(55行)
(8针)　(-34针)　(8针)
32cm(120针)
袖下加针
平织8行
8-1-18
6-1-14
4-1-1
行 针 次
54cm
(+20针)
袖片
(+6针)
下针(12号棒针)
双罗纹(14号棒针)
14cm(74针)
34cm(162行)
袖山减针
1-1-8
2-1-7
3-1-2
2-1-10
1-1-7
行 针 次
平收8针
7cm(46行)

衣领

20cm
18cm

领编织说明：前领不用收针，斜肩织完后，连接后领，领共为144针，即8组花样，往上织18cm，排花见图。

双罗纹

									2
									1
						4	3	2	1

针法符号说明
□— 上针　□=□ 下针
回 镂空针　▨ 无针
人 左上2针并1针
入 右上2针并1针

浪漫情调高领长衫

花样A排花示意图

颈

花样A针法图

往上花样，
逐渐加针，
见排花示
意图

中心第86针

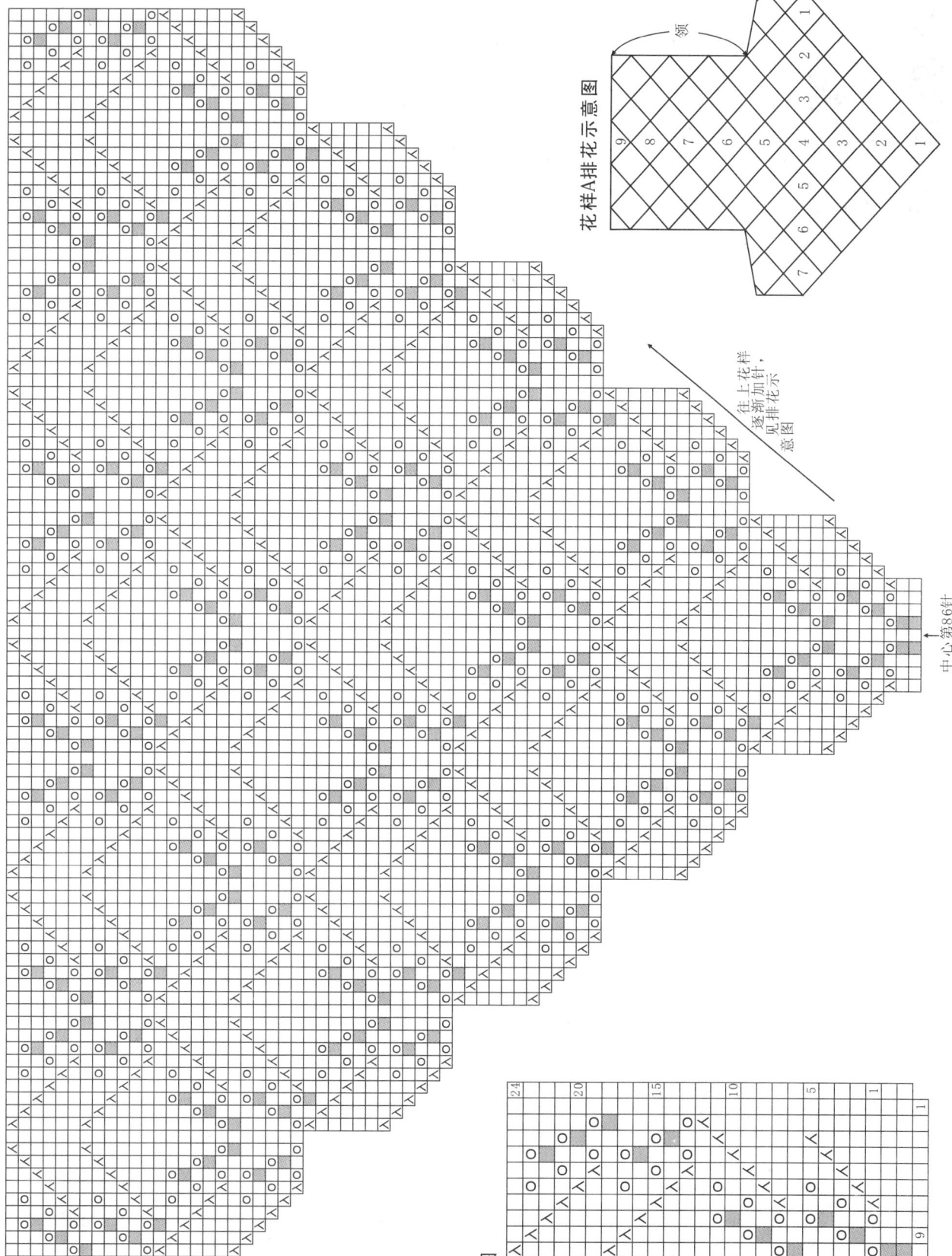

花样A1组花细节图

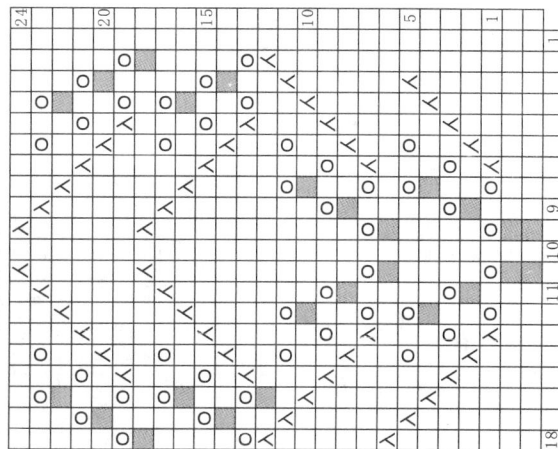

【成品尺寸】衣长 60cm，胸围 96cm，肩宽 40cm，袖长 52cm
【密　　度】12 号棒针：37.5 针 ×48 行 =10cm²；14 号棒针：50 针 ×55 行 =10cm²
【工　　具】12 号、14 号棒针
【材　　料】卡其色羊绒线 350g、蕾丝少许
【制作方法】
衣服为从下往上编织，由 1 片前片、1 片后片、2 片袖片编织而成。
1. 后片：①用 14 号棒针，双罗纹起针法起 170 针，织 4cm。②换 12 号棒针，下针编织，织 37cm。③开袖窿：两边平收 8 针，两侧各减 9 针，减针方法见袖窿减针，织 17.5cm。④开后领、织斜肩：两者为同时进行，共为 8 行；减针均按减针方法编织，此段为 1.5cm。
2. 前片：①同后片。②换 12 号棒针，排花编织，排花及针数见图，花样 A 见花样 A 图解，织 37cm。③开袖窿：两边平收 8 针，两侧各减 9 针，减针方法同后片，织 9.5cm。④开前领、织斜肩：按前领减针编织，织第 39 行的同时织斜肩，斜肩织法同后片。前、后片均织完后，肩部、腋下缝合。
3. 袖片 (2 片)：①用 14 号棒针，双罗纹起针法，起 74 针，织 4cm。②换 12 号棒针，下针编织，织第 1 行时均匀加 10 针，加针方法见均匀加 10 针，往上两侧逐渐加针，加针方法见袖下加针，织 39cm。③织袖山：按袖山减针编织，织 9cm。相同方法织另一片。袖片均织完后，与身片相缝合。
4. 衣领：用 14 号棒针，前、后领各挑 130 针、66 针，即共挑 196 针，双罗纹编织 12 行后收针。

中性独特针织衫

后片

11cm (38针)　18cm (60针)　11cm (38针)

1.5cm (8行)

收48针 (-6针)

斜肩减针
2-10-2
2-9-2
行针次

后领减针
平织2行
2-1-1
2-2-2
行针次
中间平收48针

17.5cm (84行)

(8针)(-9针)

袖窿减针
平织48针
2-1-9
行针次
平收8针

60cm

48cm (170针)

下针 (12号棒针)

37cm (178行)

双罗纹(14号棒针)

4cm (22行)

37cm(170针)

前片

11cm (38针)　18cm (60针)　11cm (38针)

(-18针)

收24针

前领减针
平织28行
4-1-1
2-1-3
2-2-1
2-3-1
2-4-1
2-5-1
行针次
中间平收24针

9.5cm (46行)

9.5cm (46行)

(8针)(-9针)

下针 57针　花样A 56针　下针 57针

60cm

48cm (170针)

下针 (12号棒针)

37cm (178行)

双罗纹(14号棒针)

4cm (22行)

37cm(170针)

袖片

袖山减针
2-1-21
平收7针
行针次

17cm (64针)

(-21针)

32cm (120针)

9cm (42行)

52cm

(+18针)
袖下加针
平织8行
10-1-18
行针次

39cm (188行)

(7针)

(+10针)
下针 (12号棒针)

均匀加10针
6-1-2
7-1-8
行针次

双罗纹 (14号棒针)

4cm (22行)

14cm(74针)

衣领(14号棒针双罗纹织12行)

68针　12行

130针

双罗纹

4 3 2 1

2 1

花样A(1组花=56针×32行)

针法符号说明

□=［一］上针　［一］下针　［Ⅹ］扭针

［ⅩⅩ］右上1针扭针交叉　↑编织方向

［ⅩⅩ］右上1针扭针与左下1针下针交叉

［ⅩⅩ］左上1针扭针与右下1针下针交叉

【成品规格】衣长 55cm，胸围 80cm，袖长 54cm
【编织密度】20 针 × 28 行 =10cm²
【工　　具】8 号、10 号棒针
【材　　料】马海毛线 90g
【编织要点】
1.后片：用 8 号棒针起 90 针织全平针 6 行后织平针，两侧按图示加收针织出腰线，开挂后腋下平收 4 针，再分别减针，织 40 行后两边各留 14 针织平针，中间织全平针 4 行后，两侧各留 18 针，中间的全部收掉，肩织斜肩；
2.前片：用 8 号棒针起 92 针，织 6 行全平针后织平针，两侧分别按图示加收针织出腰线，开挂腋下平收 4 针，两边分别按图示减针，分针后织 24 行后开始织领口，织法同后片；
3.袖：用 10 号棒针起 42 针，织全平针 4 行后换 8 号棒针均加至 80 针，平织 68 行，均匀收至 70 针，平织 38 行收袖山，至完成。

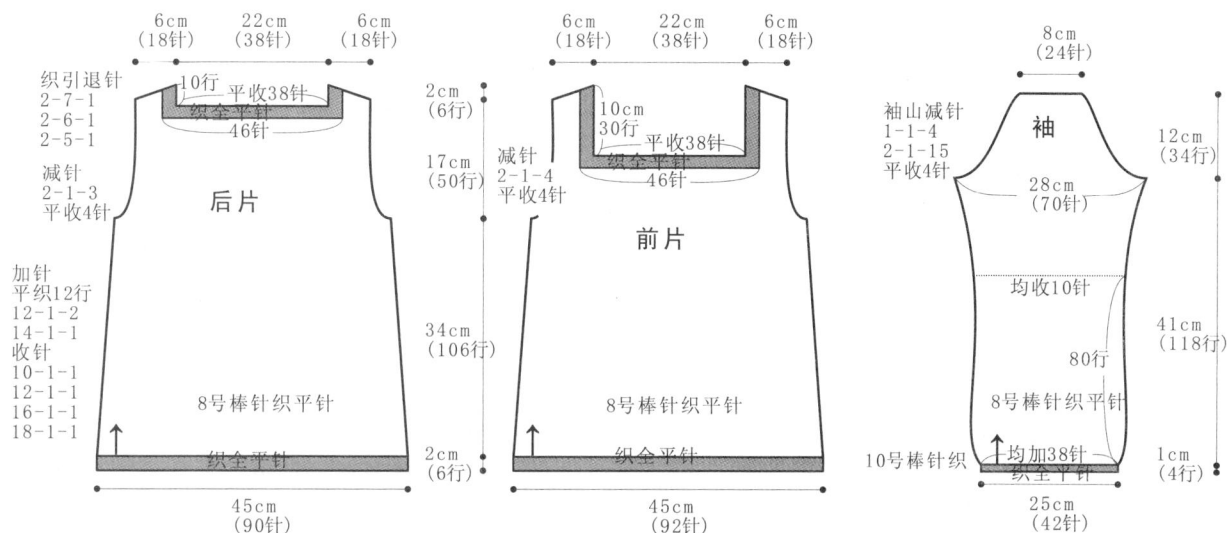

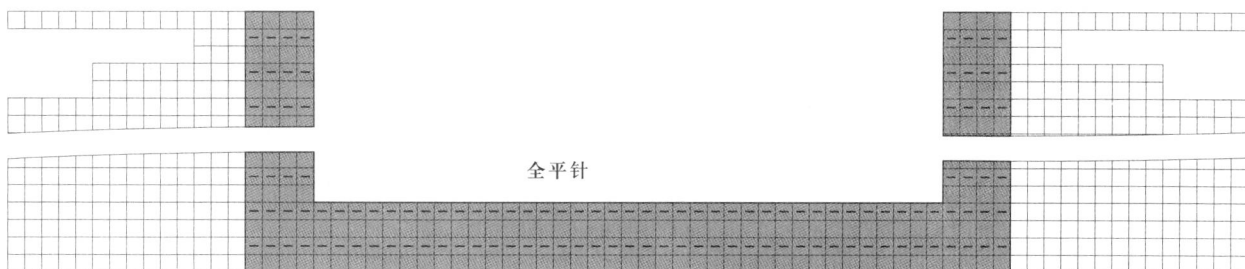

轻柔小马海毛线长袖衫

后片

6cm（18针）　22cm（38针）　6cm（18针）

织引退针
2-7-1
2-6-1
2-5-1

减针
2-1-3
平收4针

加针
平织12行
12-1-2
14-1-1
收针
10-1-1
12-1-1
16-1-1
18-1-1

10行　平收38针　织全平针　46针

2cm（6行）
17cm（50行）
34cm（106行）
2cm（6行）

8号棒针织平针

织全平针

45cm（90针）

前片

6cm（18针）　22cm（38针）　6cm（18针）

减针
2-1-4
平收4针

10cm　30行　平收38针　织全平针　46针

8号棒针织平针

织全平针

45cm（92针）

袖

8cm（24针）

袖山减针
1-1-4
2-1-15
平收4针

28cm（70针）

均收10针

80行

均加38针

8号棒针织平针

10号棒针织　织全平针

12cm（34行）
41cm（118行）
1cm（4行）

25cm（42针）

□=□

前后片领口

全平针

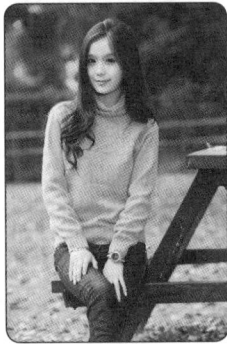

【成品尺寸】衣长53cm，胸围84cm，腰围80cm，肩宽35cm，袖长53cm
【密　度】13号棒针：35针×51行=10cm²；15号棒针：44针×70行=10cm²
【工　具】13号、15号棒针
【材　料】60支羊绒线6股400g
【制作方法】
衣服为从下往上编织，由1片后片、1片前片、2片袖片编织而成。
1.后片：①用15号棒针，双罗纹起针法起170针，织6cm。②换13号棒针，下针编织，织第1行时均收9针，收针方法见"均匀减9针"，往上逐渐减针、加针，按腋下加减针编织，织27cm。③开袖窿：两边平收6针，两侧各减8针，减针方法见袖窿减针，织18.5cm。④开后领、织斜肩：两者为同时进行，共为8行；减针均按后领减针方法编织，此段为1.5cm。
2.前片：①②同后片。③开袖窿：两边平收6针，两侧各减8针，织3cm。④凤尾花：129针，排花编织，排花见凤尾花图解，织15.5cm；⑤织斜肩：引退编织，引退方法见斜肩减针。前、后片均织完后，肩部、腋下无缝缝合。
3.袖片(2片)：①用15号棒针，双罗纹起针法起170针，织5cm。②换13号棒针，下针编织，织第1行时均匀加9针，加针方法见均匀加9针，往上两侧逐渐加针，按袖下加针编织，织36cm。③织袖山：袖山两边各平收6针，然后按袖山减针编织，织12cm。相同方法织另一片。袖片均织完后，与身片相缝合。
4.衣领：用13号棒针，前后领针数为170针，共10组花，凤尾花编织6组，然后织6行搓板针后收针。

温馨高领毛线
打底衫

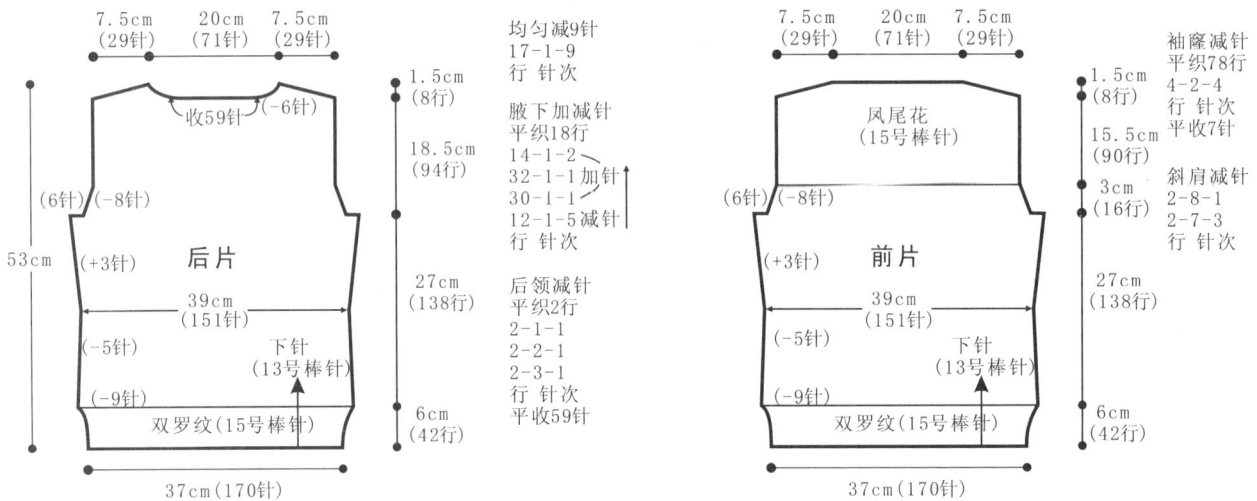

后片

均匀减9针
17-1-9
行 针次

腋下加减针
平织18行
14-1-2
32-1-1加针
30-1-1
12-1-5减针
行 针次

后领减针
平织2行
2-1-1
2-2-1
2-3-1
行 针次
平收59针

7.5cm(29针)　20cm(71针)　7.5cm(29针)
收59针(-6针)
1.5cm(8行)
18.5cm(94行)
(6针)(-8针)
(+3针)
39cm(151针)
27cm(138行)
下针(13号棒针)
(-5针)
(-9针)
双罗纹(15号棒针)
6cm(42行)
37cm(170针)

前片

7.5cm(29针)　20cm(71针)　7.5cm(29针)
凤尾花(15号棒针)
1.5cm(8行)
15.5cm(90行)
(6针)(-8针)
(+3针)
39cm(151针)
27cm(138行)
下针(13号棒针)
(-5针)
(-9针)
双罗纹(15号棒针)
6cm(42行)
37cm(170针)

袖窿减针
平织78行
4-2-4
行 针次
平收7针

斜肩减针
2-8-1
2-7-3
行 针次

3cm(16行)

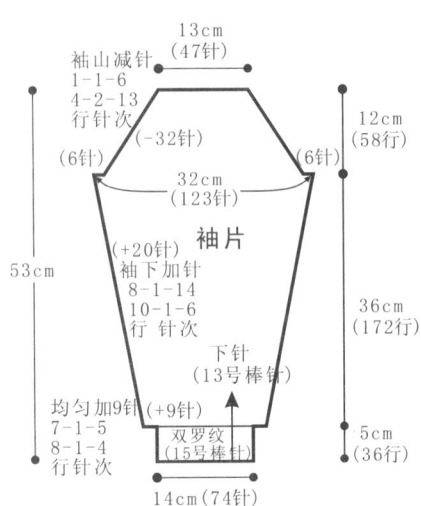

袖片

袖山减针
1-1-6
4-2-13
行针次

13cm(47针)
(6针)
(-32针)
(6针)
32cm(123针)
12cm(58行)
(+20针)
袖下加针
8-1-14
10-1-6
行 针次
下针(13号棒针)
36cm(172行)
均匀加9针(+9针)
7-1-5
8-1-4
行针次
双罗纹(15号棒针)
5cm(36行)
14cm(74针)

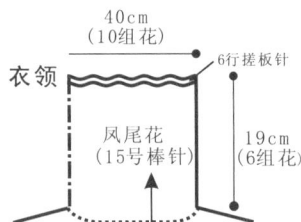

衣领

40cm(10组花)
6行搓板针
凤尾花(15号棒针)
19cm(6组花)

针法符号说明
□=上针　□=Ⅰ=下针　○=镂空针　↑编织方向
λ左上2针并1针　λ右上2针并1针

凤尾花图解
前片129针排花:1针缝合针+2针花样+17针花样(5组85针)+21针花样+1针缝合针
领170针:17针花样10组

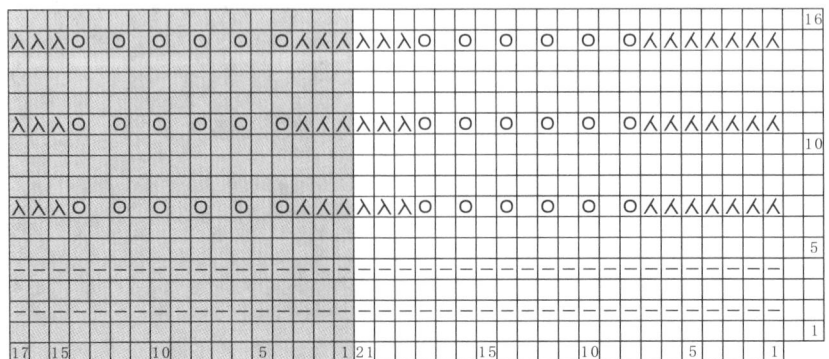

搓板针

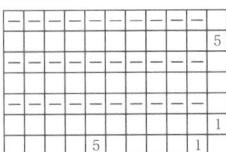

【成品尺寸】衣长 62cm，胸围 82cm，肩袖长 59cm
【密　　度】28 针 ×38 行 =10cm²
【工　　具】10 号、11 号棒针
【材　　料】青色绒线 500g
【制作方法】
衣服为插肩袖，从下往上编织，由 1 片后片、1 片前片、2 片袖片组成。

1. 后片：①用 11 号棒针，双罗起针法起 122 针，双罗纹编织，织 3cm。②换 10 号棒针，上针编织，织 45cm。③开袖窿：两边平收 6 针，两侧各减 35 针，减针方法见袖窿减针，织 14cm 后收针。

2. 前片：①同后片。②排花编织，注意图中 A 为叶子形状，参照花样 A 编织，织 43cm。③开袖窿、开前领：两边平收 5 针，两侧各减 35 针，减针方法同后片，织第 29 行的同时开前领，分两边编织，按前领减针编织，织 7cm，此段为 14cm。

3. 袖片（2 片）：①用 11 号棒针，双罗纹起针法起 54 针，双罗纹编织，织 3cm。②换 10 号棒针，上针编织，织第 1 行时均加 8 针，加针方法见均匀加 8 针，同时两侧加针，加针方法见袖下加针，织 40cm。③织袖山：袖山两边各平收 6 针，然后按袖山减针编织，织 16cm。相同方法织另一片。前后片、袖片均织完后，前后片腋下缝合，身片与袖片袖窿处缝合，注意平整度。

4. 衣领：如衣领挑针图及衣领编织图，在前片、左袖、后片、右袖分别挑 68 针、22 针、44 针、22 针，即共挑 156 针，双罗纹编织 12 行后收针。

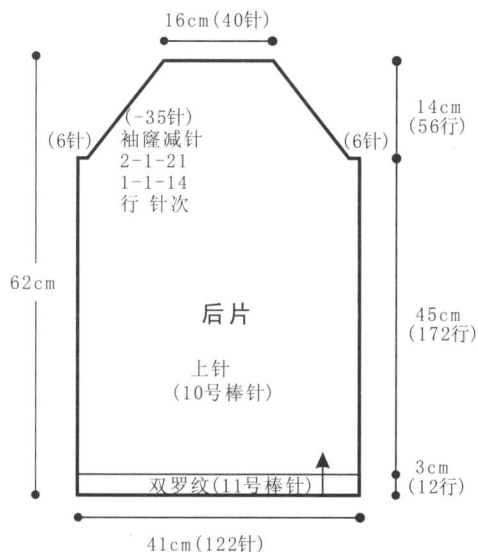

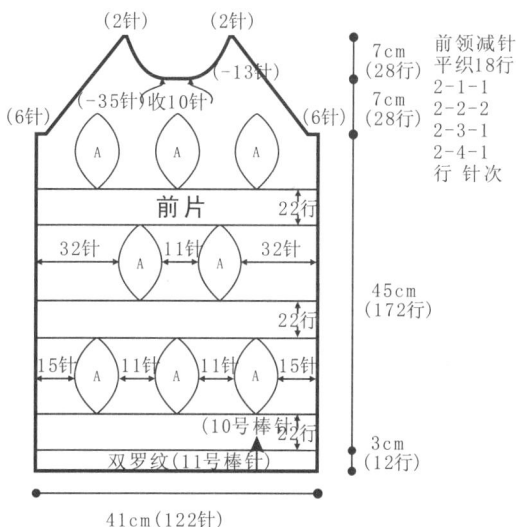

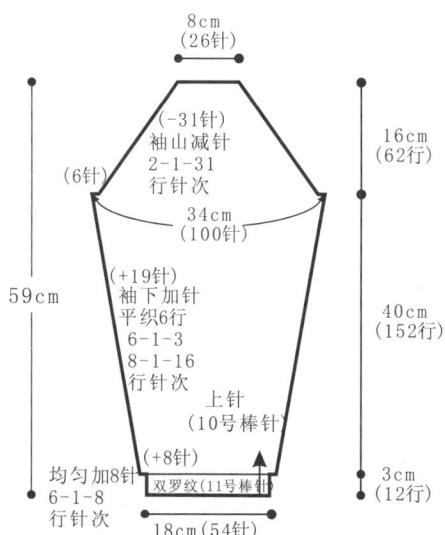

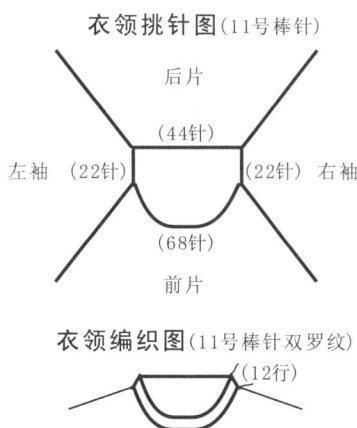

片片叶子情

后片

16cm（40针）

14cm（56行）

（-35针）
袖窿减针
2-1-21
1-1-14
行 针次

（6针）　　（6针）

62cm

45cm（172行）

上针
（10号棒针）

双罗纹（11号棒针）

3cm（12行）

41cm（122针）

前片

（2针）　（2针）

（-13针）

（-35针）收10针

（6针）　　（6针）

7cm（28行）前领减针
平织18行
2-1-1
2-2-2
2-3-1
2-4-1
行 针次

7cm（28行）

22行

32针　A　11针　A　32针

22行

15针　A　11针　A　11针　A　15针

22行

（10号棒针）

双罗纹（11号棒针）

45cm（172行）

3cm（12行）

41cm（122针）

8cm（26针）

（-31针）
袖山减针
2-1-31
行针次

（6针）

34cm（100针）

16cm（62行）

（+19针）
袖下加针
平织6行
6-1-3
8-1-16
行针次

上针
（10号棒针）

59cm

40cm（152行）

均匀加8针
6-1-8
行针次

（+8针）

双罗纹（11号棒针）

3cm（12行）

18cm（54针）

衣领挑针图（11号棒针）

后片

（44针）

左袖（22针）　　　（22针）右袖

（68针）

前片

衣领编织图（11号棒针双罗纹）

（12行）

针法符号说明

□ 上针　　□ =|] 下针

○ 镂空针　　人 中上3针并1针

人 左上2针并1针　　人 右上2针并1针

花样A图解（前片A表示叶子形状）

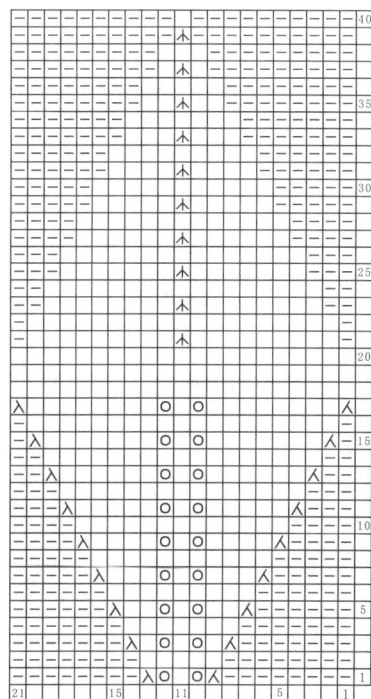

【成品规格】衣长 51cm，胸围 80cm，袖长 55cm

【编织密度】32 针 ×46 行 =10cm²

【工　　具】12 号、13 号棒针

【材　　料】羊绒混纺线 325g，玫瑰纽扣 11 枚

【编织要点】

1. 后片：用 13 号棒针起 135 针边缘花样 2 行后换 12 号棒针织花，花样完成后织平针，织 32cm 开挂，腋下平收 5 针，再依次收针；肩用引退针法织斜肩；

2. 前片：用 13 号棒针起 72 针织边缘花样 2 行，换 12 号棒针织花样，花样最后结束时收掉 1 针织平针，并在侧缝织逐渐减针，领窝深 10cm，其他同后片；

3. 袖：袖口分两步：一小块起 24 针，织好花样把钉纽扣那边的门襟织起来，挑 34 针织边缘花样 8 行，待用；另一块起 38 针，织好花样把边上留扣洞的门襟织好，开 2 个扣洞；织好后两片放一起把纽扣地方的门襟重叠起来，挑出 4 针，两边边上的第一针跟第二针并掉，共 64 针；织花样 B，同时加 1 针，织平针时在两侧依次收针，完成后平织 10 行收袖山，织好后缝合；

4. 领、门襟：用 13 号棒针挑 152 针织边缘花样 9 行，领挑 192 针，织法同门襟；缝合纽扣，完成。

高洁木兰小衫

后片

7cm（25针）　20cm（59针）　7cm（25针）
2cm（8行）
织引退针 2-8-3 2-9-1
减针 平织2行 2-1-2 2-2-2 2-3-1
17cm（78行）
减针 2-1-4 2-2-2 平收5针
12号棒针织 织平针
23cm（106行）
织花样B
织花样A
13号棒针织边缘花样
9cm（45行）
42cm（135针）

前片

7cm（25针）　10cm（29针）
10cm（46行）
减针 平织2行 2-1-2 2-2-2 2-3-1
领减针 平织31行 4-1-3 2-1-8 2-3-1 2-4-1 2-5-1 2-6-1
减针 平收6针
12号棒针织 织平针
减针 平织66行 20-1-2
减1针
织花样B
织花样A
12号棒针织边缘花样
13号棒针织边缘花样
21cm（72针）

袖

袖山减针 2-3-2 2-2-2 2-1-4 3-1-6 2-1-9 2-2-2 平收6针
7cm（23针）
28cm（101针）
12cm（56行）
加针 平织10行 10-1-2 8-1-13 6-1-1 4-1-1 2-1-1
34cm（156行）
12号棒针织 织平针
65针
织花样B
织花样A
边缘花样
9cm（45行）
7cm（24针）　11cm（38针）

领、门襟

13号棒针织边缘花样
挑192针
1.5cm（9行）
挑152针
6cm（24针）
1.5cm（9行）

针法符号说明

O = 加针
人 = 左上2针并1针
λ = 右上2针并1针
⋀ = 中上3针并1针

□ = 1

编织花样

【成品规格】衣长 60cm，胸围 80cm
【编织密度】23 针 × 34 行 =10cm²
【工　　具】8 号、9 号、10 号棒针，5 号钩针
【材　　料】段染马海毛线 + 羊毛线合股 110g
【编织要点】
1. 前片：用 8 号棒针起 112 针先织 4 行底边花样，再织 5 层花样后换 9 号棒针织，再织 4 层花样再换 10 号棒针织一层花样后，织平针 18 行开挂，腋下平收 7 针，再按图示收针，分针后织 18 行开始分片织领窝；肩平收；
2. 后片：织法同前片，织领窝时比前片迟 10 行；
3. 缝合两片：领和袖口钩边缘花样 A，下摆钩边缘花样 B；完成。

简约段染小背心

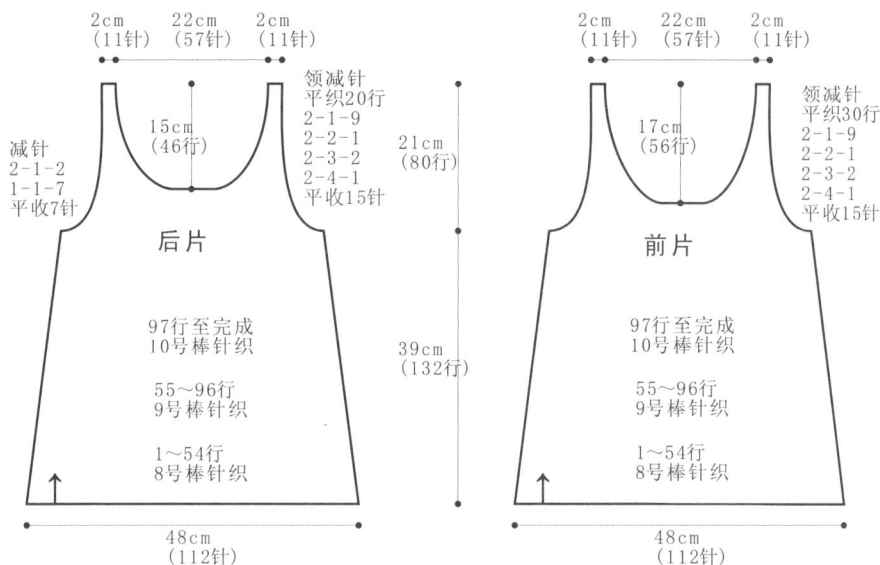

领、袖口
钩边缘花样A

下摆钩边缘花样B

边缘花样A

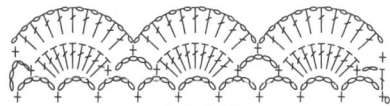

边缘花样B

针法符号说明
○ ＝加针
入 ＝左上2针并1针
入 ＝右上2针并1针
▲ ＝中上3针并1针
＋ ＝短针
○ ＝辫子
下 ＝长针

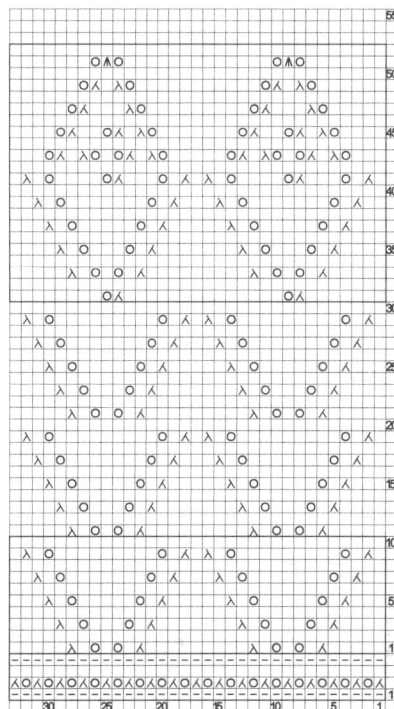

□＝□

编织花样

优雅荡领宽松
针织衫

【成品尺寸】衣长71cm，胸围82cm，腰围80cm，肩宽36cm，袖长52cm
【密　　度】12号棒针：37.5针×47行=10cm²；14号棒针：50针×60行=10cm²
【工　　具】12号、13号、14号棒针
【材　　料】兰奈尔羊绒线21/3支1股320g、28支意毛线1股150g
【制作方法】
衣服为从下往上编织，由1片后片、1片前片、2片袖片组成。
1. 后片：①用14号棒针，双罗起针法起182针，双罗纹编织，织10cm。②换12号棒针，下针编织，织第1行时减10针，减针方法见图均匀减10针，两侧按腋下加减针编织，织43cm。③开袖窿：两边平收7针，两侧各减10针，减针方法见袖窿减针，织16.5cm。④开后领、织斜肩：两者为同时进行；减针方法均按图示编织，织斜肩时用引退针编织，此段为1.5cm。
2. 前片：①同后片。②换12号棒针，排花编织，排花花样及针数如图，同时两侧按腋下加减针编织，织43cm。③开袖窿：两边平收7针，两侧各减10针，减针方法同后片，织8cm。⑤开前领、织斜肩：按前领减针织10cm，织至第41行的同时织斜肩。斜肩织法同后片。前片与后片均织完后，前后片肩部、腋下缝合。
3. 袖片(2片)：①用14号棒针，双罗纹起针法起73针，双罗纹编织，织8cm。②换12号棒针，排花编织，织第1行时均加10针，加针方法见图均匀加10针，往上两侧加针，加针方法见袖下加针，织32cm。③织袖山：袖山两边各平收7针，然后按袖山减针编织，织12cm。相同方法织另一片。均织完后与袖下缝合，并与身片相缝合。
4. 衣领：按衣领图及衣领编织说明编织。

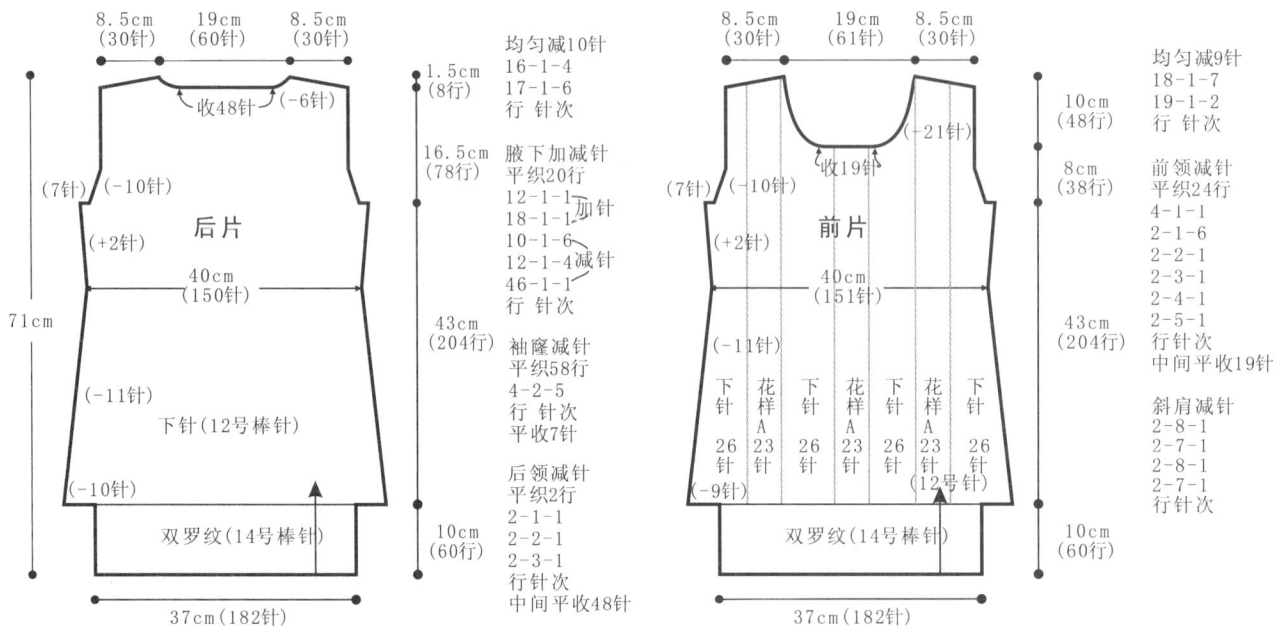

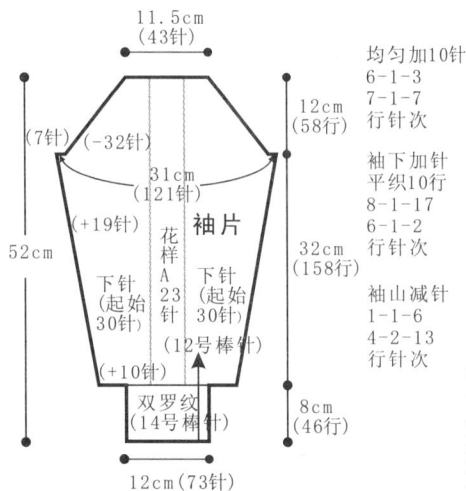

后片

8.5cm（30针）　19cm（60针）　8.5cm（30针）

收48针（-6针）

1.5cm（8行）

16.5cm（78行）

（7针）（-10针）

（+2针）

40cm（150针）

71cm

43cm（204行）

（-11针）

下针（12号棒针）

（-10针）

双罗纹（14号棒针）

37cm（182针）

10cm（60行）

均匀减10针
16-1-4
17-1-6
行 针次

腋下加减针
平织20针
12-1-1 加针
18-1-1
10-1-6 减针
12-1-4
46-1-1
行 针次

袖窿减针
平织58行
4-2-5
行 针次
平收7针

后领减针
平织2行
2-1-1
2-2-1
2-3-1
行 针次
中间平收48针

前片

8.5cm（30针）　19cm（61针）　8.5cm（30针）

收19针（-21针）

（7针）（-10针）

（+2针）

40cm（151针）

（-11针）

下针　花样A　下针　花样A　下针　花样A　下针
26针　23针　26针　23针　26针　23针　26针
（-9针）（12号棒针）

双罗纹（14号棒针）

37cm（182针）

10cm（48行）

均匀减9针
18-1-7
19-1-2
行 针次

8cm（38行）

前领减针
平织24行
4-1-1
2-1-6
2-2-1
2-3-1
2-4-1
2-5-1
行针次
中间平收19针

43cm（204行）

斜肩减针
2-8-1
2-7-1
2-8-1
2-7-1
行针次

10cm（60行）

袖片

11.5cm（43针）

（7针）（-32针）

12cm（58行）

31cm（121针）

（+19针）

花样A 23针　下针（起始30针）

下针（起始30针）

52cm

32cm（158行）

（+10针）

双罗纹（14号棒针）

12cm（73针）

8cm（46行）

均匀加10针
6-1-3
7-1-7
行 针次

袖下加针
平织10行
8-1-17
6-1-2
行 针次

袖山减针
1-1-6
4-2-13
行 针次

衣领（圈织）

54cm

⑥ 12号棒针 7cm
⑤（+25针）3cm
④ 13号棒针 3cm
③（+25针）3cm
② 14号棒针 3cm
①

20cm

136针

机器领

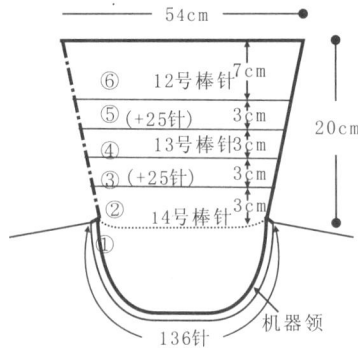

衣领编织说明：
前后片共挑200针，分为6段：
第①段：机器领（参考男装机器领编织图解），为1cm。
第②段：14号棒针，双罗纹织3cm。
第③段：14号棒针，每8针加1针加25针，加至225针，织3cm。
第④段：13号棒针，225织3cm。
第⑤段：13号棒针，每8针加1针加25针，加至250针织3cm，2针1排织3cm。
第⑥段：12号棒针，250针织7cm后收针。

双罗纹

花样A

针法符号说明

| － | ＝上针 | □=Ⅰ下针 |
| 右上4针与左下3针交叉 | | |

↑编织方向

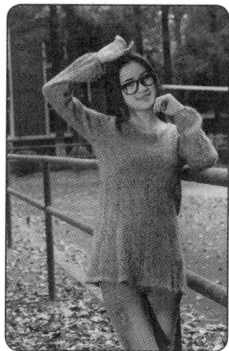

风铃草·中长款
裙衫

【成品规格】衣长67cm，胸围80cm，袖长54cm
【编织密度】34针×35行=10cm²
【工　　具】8号、9号、10号、11号棒针，4号钩针
【材　　料】马海毛线130g+羊毛线1800g合股织
【编织要点】
1. 圈织：用8号棒针平起240针，织边缘花样对折缝合，然后织花样，排织花样8组，织到花样46行时换9号棒针织到80行，再换10号棒针织完剩余的部分；肩织斜肩，用引退针分4次织完；
2. 前片：分针后织34行开领窝，比后片多织4行再织斜肩，织法同后片；
3. 袖：用11号棒针起51针，织边缘花样对折缝合，换8号棒针均加31针，织42行后换9号棒针，再织38行换10号棒针织，直到完成；
4. 领：用钩针沿领窝钩花样，完成。

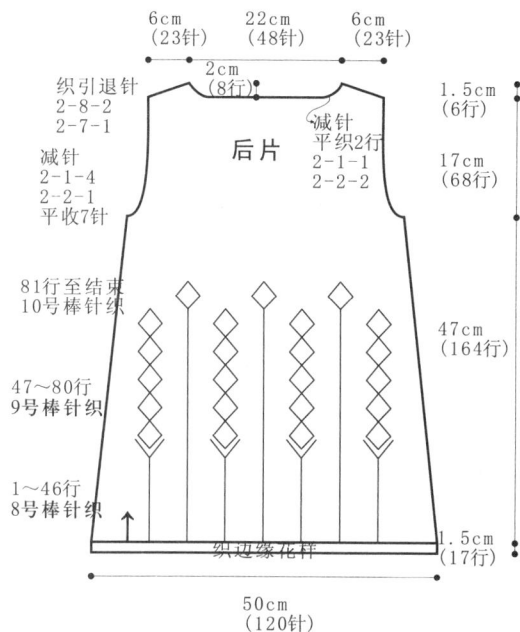

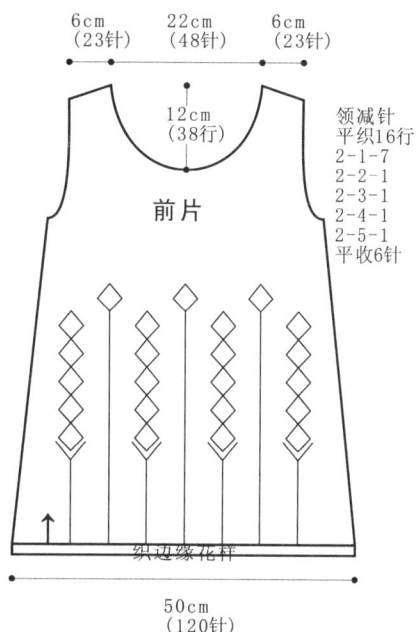

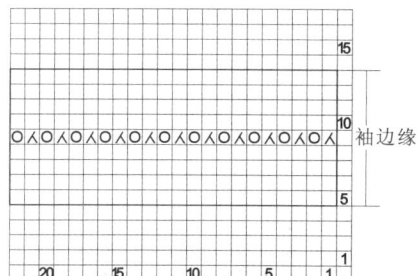

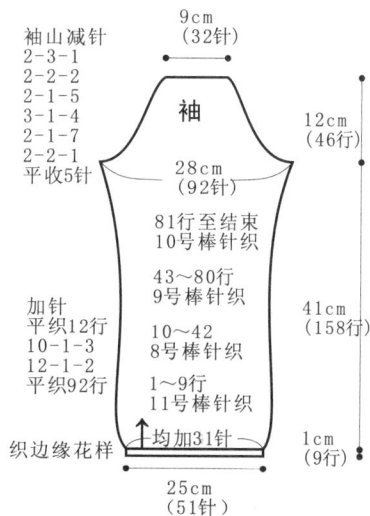

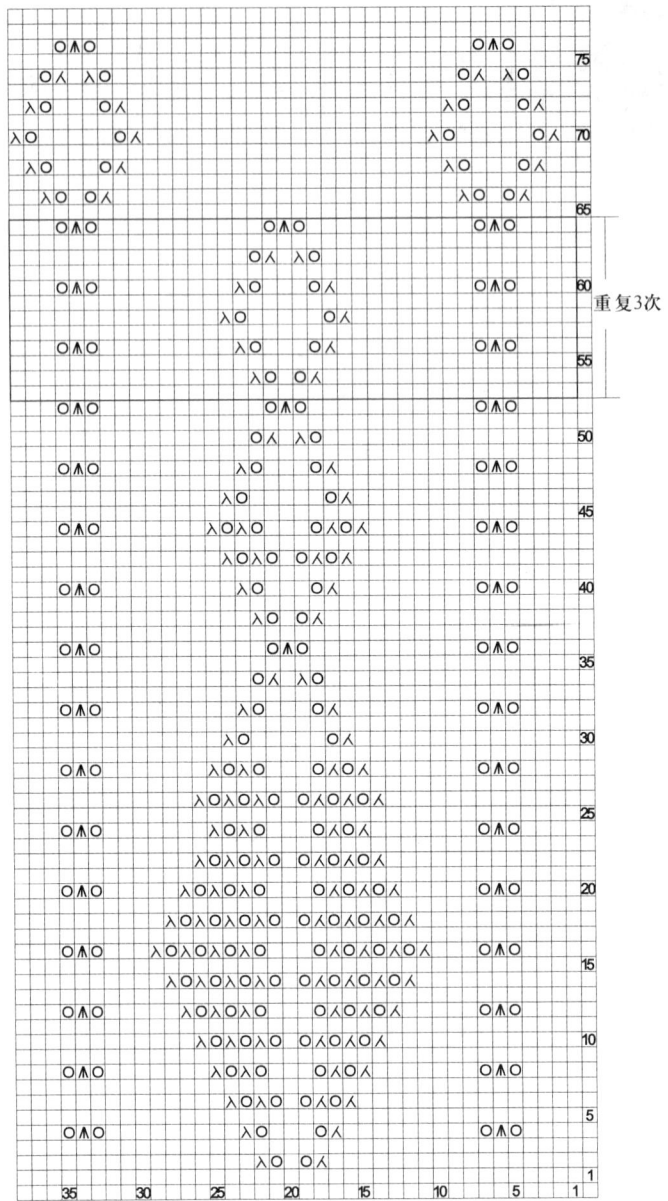

编织花样

□ = 回

重复3次

针法符号说明

O = 加针

人 = 左上2针并1针

入 = 右上2针并1针

个 = 中上3针并1针

◠ = 辫子

× = 短针

T = 长针

【成品尺寸】衣长 70cm(最长处量)，胸围 82cm，腰围 80，下摆 49cm，肩宽 35cm，袖长 55cm
【密　　度】12 号棒针：42 针 ×48 行 =10cm²；14 号棒针：46 针 ×60 行 =10cm²
【工　　具】12 号、14 号棒针
【材　　料】咖啡色羊绒线 350g、蕾丝少许
【制作方法】
衣服为从下往上编织，由 1 片前片、1 片后片、2 片袖片编织而成。
1. 后片：①用 14 号棒针，双罗纹起针法起 202 针，织 5cm。②换 12 号棒针，排花编织，排花针数见图，花样 A 参照花样 A 图解。如图，从一边 23 针引退编织，左侧 6 针引退 7 次，右侧 10 针引退 3 次、11 针引退 8 次，引退针编织可参考引退针编织示意图。注意引退编织时有减针，共减 19 针。同时两侧按腋下针编织，织 47cm。③开袖窿：两边平收 6 针，两侧各减 10 针，减针方法见袖窿减针，织 16.5cm。④开后领、织斜肩：两者为同时进行，共为 8 行；减针均按减针方法编织，此段为 1.5cm。
2. 前片：①同后片。②换 12 号棒针，引退针处织法与后片对称，排花及针数分配见图，花样 A 参照花样 A 图解中前片花样 A 说明编织，织 47cm。③开袖窿：两边平收 6 针，两侧各减 10 针，减针方法同后片，织 3cm。④开前领、织斜肩：袖窿减针后，领侧上针处开始减针，织 1.5cm，中心留 1 针，分两边编织，编织方法参照花样 A 前片花样 A 说明；织第 57 行的同时织斜肩，斜肩编织方法同后片，此段为 13.5cm。前、后片均织完后，肩部、腋下缝合。
3. 袖片 (2 片)：①用 14 号棒针，双罗纹起针法，起 74 针，织 4cm。②换 12 号棒针，下针编织，织第 1 行时均匀加 8 针，加针方法见图均加 8 针，往上两侧逐渐加针，加针方法见袖下加针，织 41cm。③织袖山：按袖山减针编织，织 10cm。相同方法织另一片。袖片均织完后，袖片袖下缝合并与身片相缝合。
4. 衣领：用钩针，参照衣领及衣领图解钩一行短针狗牙针。

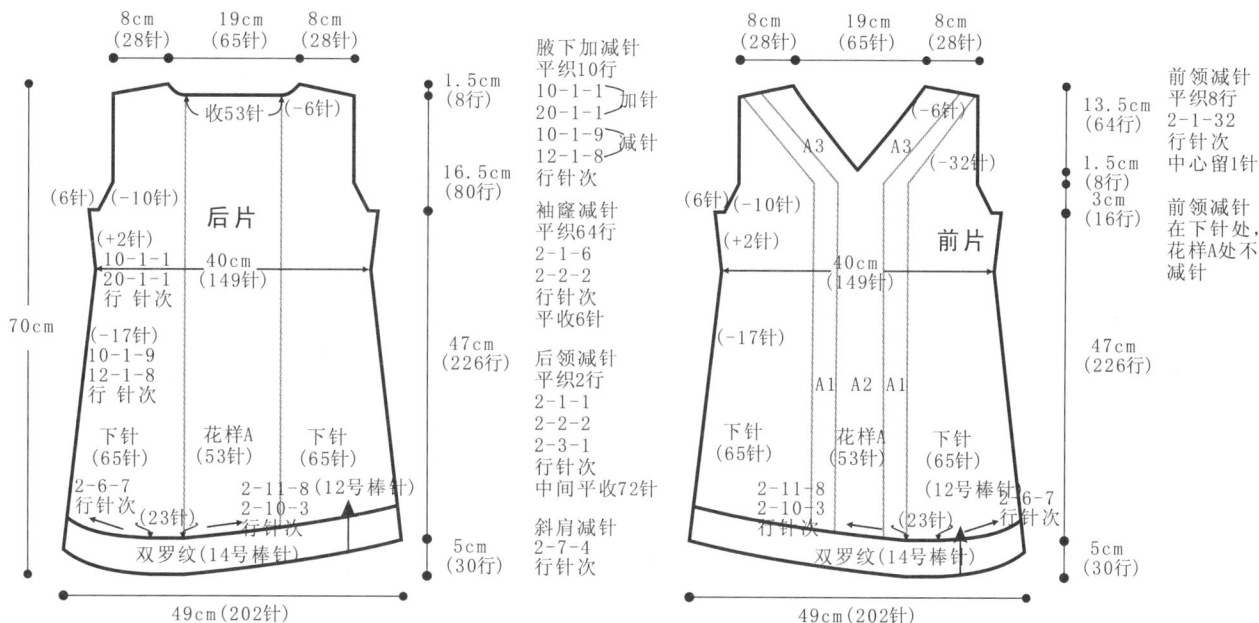

深咖啡色 V 领衫

后片

8cm（28针）　19cm（65针）　8cm（28针）

1.5cm（8行）　收53针（-6针）

16.5cm（80行）

（6针）（-10针）

后片

（+2针）
10-1-1
20-1-1
行 针 次

40cm（149针）

70cm

（-17针）
10-1-9
12-1-8
行 针 次

47cm（226行）

下针（65针）　花样A（53针）　下针（65针）

2-6-7 行针次　　2-11-8　2-10-3（12号棒针）行针次

（23针）

双罗纹（14号棒针）　5cm（30行）

49cm（202针）

腋下加减针
平织10行
10-1-1 加针
20-1-1
10-1-9
12-1-8 减针
行针次

袖窿减针
平织64行
2-1-6
2-2-2 行针次
平收6针

后领减针
平织2行
2-1-1
2-2-2
2-3-1 行针次
中间平织72针

斜肩减针
2-7-4 行针次

前片

8cm（28针）　19cm（65针）　8cm（28针）

13.5cm（64行）（-6针）

A3　A3（-32针）

1.5cm（8行）
3cm（16行）

（6针）（-10针）

（+2针）

前片

40cm（149针）

47cm（226行）

（-17针）

A1　A2　A1

下针（65针）　花样A（53针）　下针（65针）

2-11-8　2-10-3 行针次　　（12号棒针）　2-6-7 行针次

（23针）

双罗纹（14号棒针）　5cm（30行）

49cm（202针）

前领减针
平织8行
2-1-32 行针次
中心留1针

前领减针
在下针处，
花样A处不
减针

袖片

袖山减针
2-1-21
2-2-3
平收7针
行针次

13cm（50针）

（8针）（-27针）

32cm（120针）

袖片

55cm

（+19针）
袖下加针
平织8行
8-1-1
10-1-18
行针次

下针（12号棒针）

（+8针）

均匀加8针
8-1-6
9-1-2
行针次

双罗纹（14号棒针）

16cm（74针）　4cm（24行）

10cm（48行）

41cm（196行）

衣领

78针

54针

衣领图解（钩针钩织）

①186针

针法符号说明

符号	说明	符号	说明
⊟	上针	□ = Ι	下针
Ο	镂空针	Ｖ	滑针
⋋	左上2针并1针	⋌	右上2针并1针
⋀	中上3针并1针	○	锁针
右上3针交叉		←	编织方向
		✕	短针
左上3针交叉		●	引拔针

引退针编织示意图（以2-7-4为例）

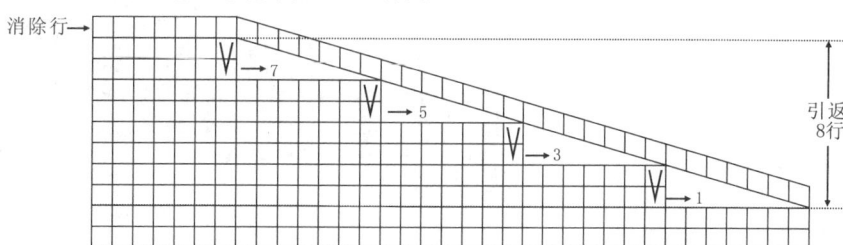

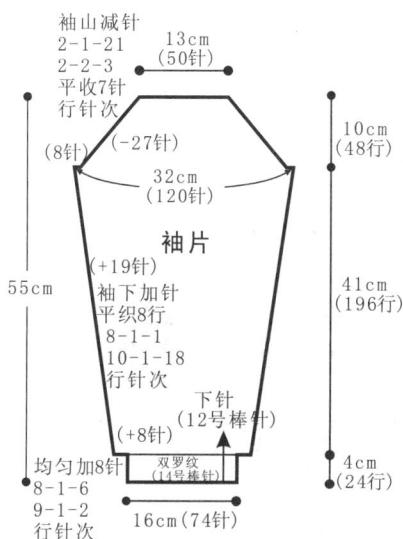

消除行 →

→ 7
→ 5
→ 3
→ 1

引返 8行

花样A图解

花样分组说明：A1为绞花灰色块1组，1组花=12针×12行；A2灰色块4枚叶子组合花型1组花=25针×32行；A3灰色块1枚叶子1组花=9针×20行

后片花样A：即为图53针。

前片花样A说明：分A1、A2、A3，领以下类似后片53针编织；领以上如图，留出领中心1针，因减针均在下针处进行(领处减针在袖窿减完针后进行)，所以花样自然往两边倾斜，领一边绞花花样不变，叶子花形变为A3。

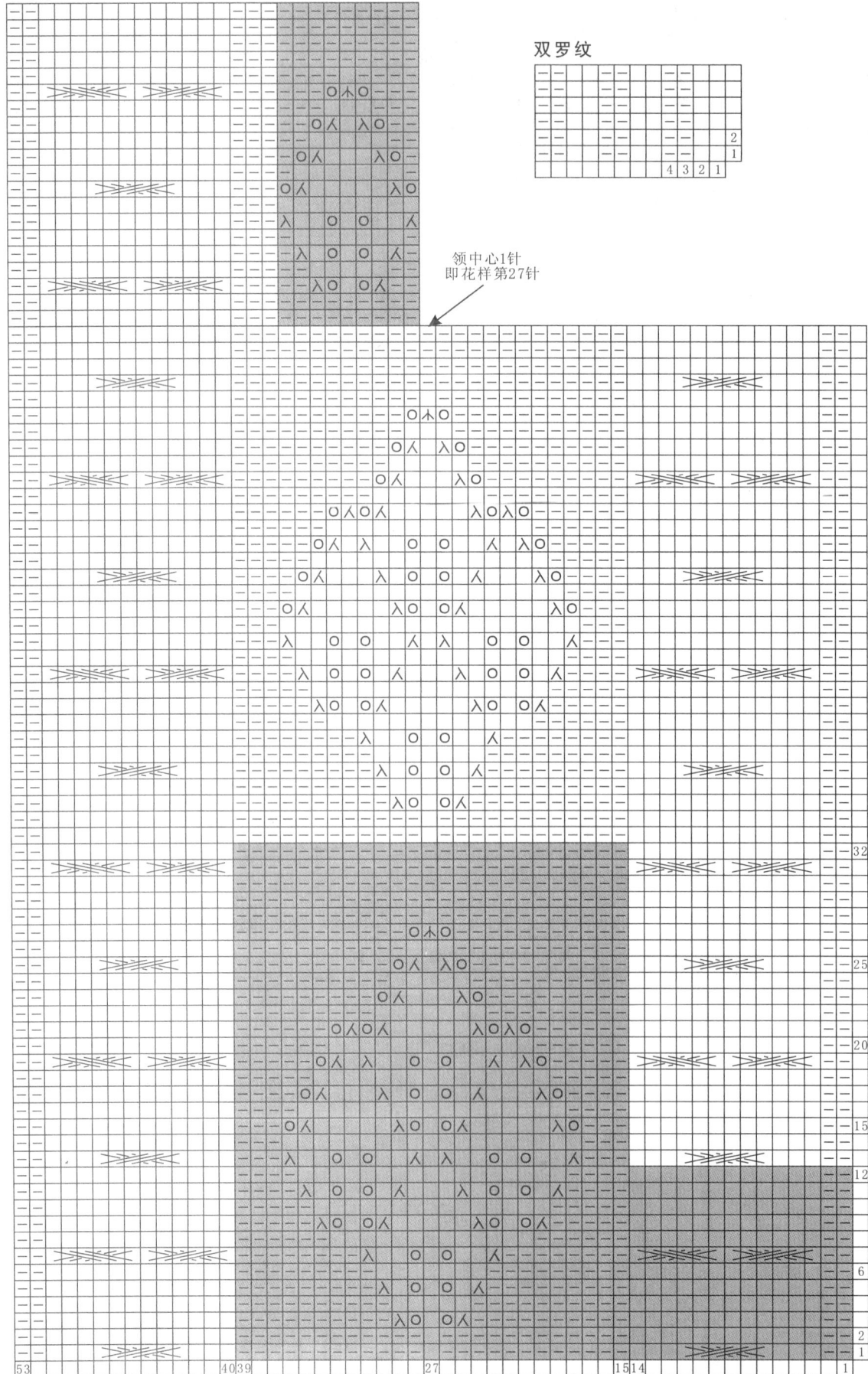

双罗纹

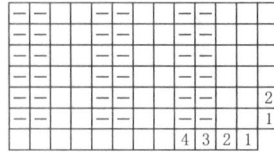

领中心1针
即花样第27针

宝蓝色韩版 A 字裙

【成品规格】衣长 73cm，胸围 88cm
【编织密度】32 针 ×37 行 =10cm²
【工　　具】10 号、11 号棒针
【材　　料】貂绒线 150g 配羔羊绒线 300g 合股织
【编织要点】双罗纹边缘用 11 号棒针织，其余用 10 号棒针织。
1. 圈织：先织双层领台：圈起 168 针，织 2 行平针 1 行上针再织 3 行下针，合并，然后织 1 行上针。开始排花样，排 14 组花；按图解织分散加针花样，花样完成后共 364 针，分出前后身片和袖；腋下各加 12 针，圈织身片，并在两侧按图示收针织出腰线，下摆织花样 B 后再织双罗纹；
2. 袖口：挑 96 针织双罗纹；
3. 领沿：领台如数挑针织双罗纹；完成。

领、袖口

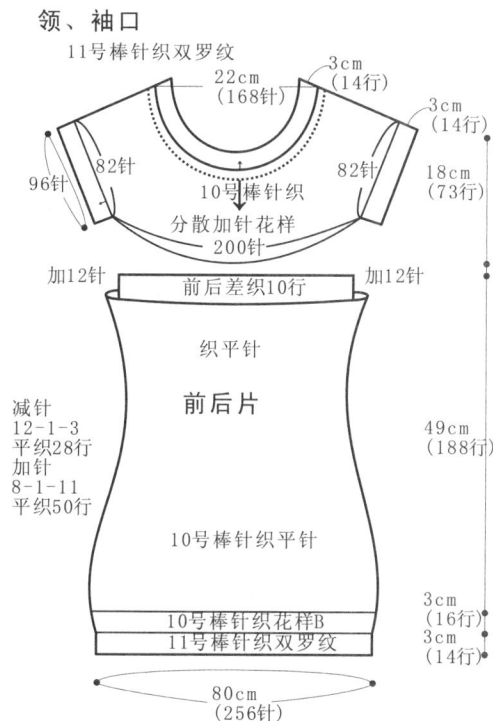

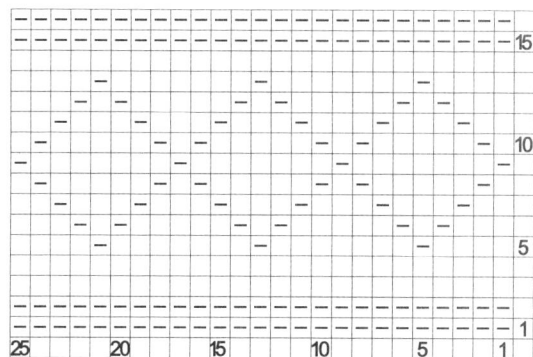

□=|　　　　　花样B

针法符号说明

=3针左上交叉

=3针右上交叉

=4针左上交叉

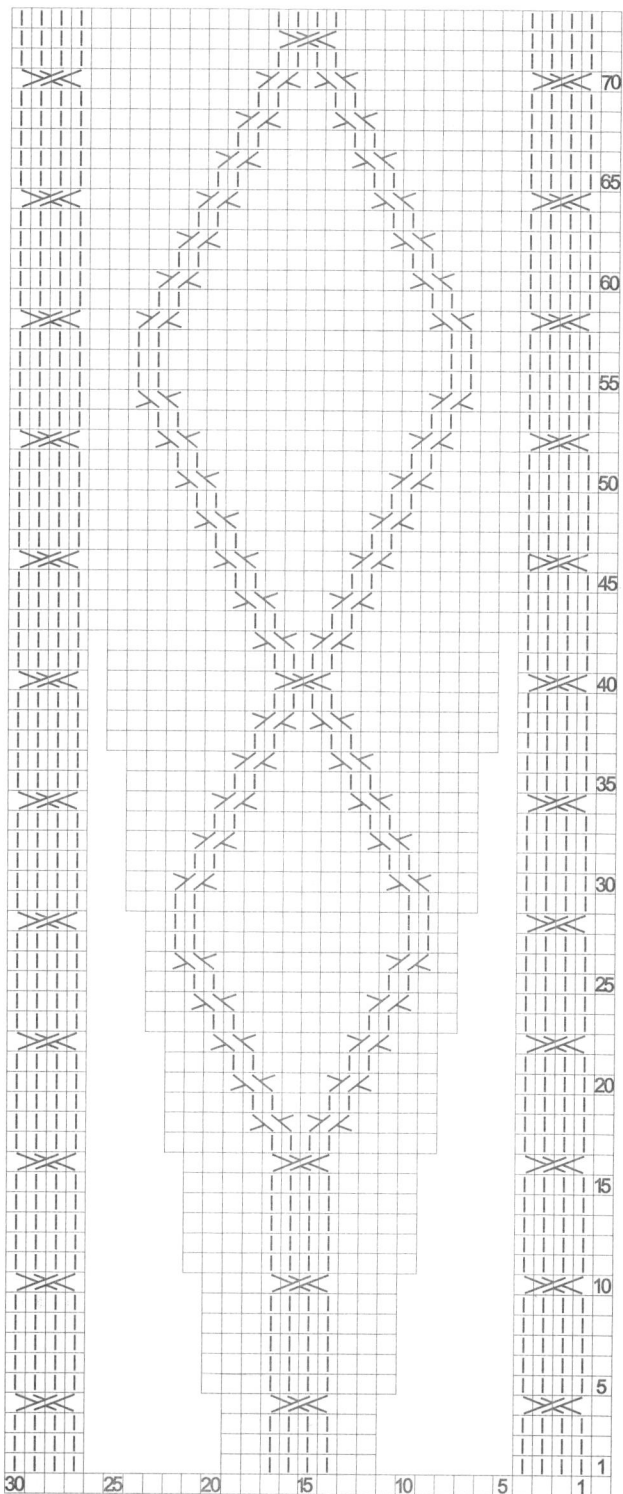

□=—　　　　　分散加针花样

爱的海洋

【成品尺寸】衣长58cm，胸围90cm，肩宽39cm，袖长52cm
【密　　度】12号棒针：34针×48行=10cm²；14号棒针：144针×60行=10cm²
【工　　具】12号、14号棒针
【材　　料】深蓝色羊绒线470g，3股编织；金丝线少许（刺绣用）
【制作方法】
衣服从下往上编织，由1片后片、1片前片、2片袖片编织而成。配色如图。

1. **后片**：①用14号棒针，双罗纹起针法起154针，织4cm。②换12号棒针，下针编织，织43cm。注意：配色为3行浅12行深为1组，共10组，即150行。③开袖窿：两边平收6针，再各减11针，减针方法见袖窿减针，织17.5cm。④开后领、织斜肩：两者为同时进行，共织8行；减针均按减针方法编织，此段为1.5cm。

2. **前片**：①②同后片。③开袖窿：两边平收6针，再各减11针，减针方法见后片，织9cm。④开前领、织斜肩：按前领减针织10cm，织至第41行的同时织斜肩，斜肩织法同后片。前片与后片均织完后，前后片肩部、腋下缝合。

3. **袖片（2片）**：①用14号棒针，双罗纹起针法，起66针，织4cm。②换12号棒针，下针编织，织第1行时加6针，加针方法见图均匀加6针，往上两侧逐渐加针，加针方法见袖下加针，织38cm。注意：配色同前后片。③织袖山：袖山两边各平收6针，然后按袖山减针编织，织10cm。相同方法织另一片。袖片均织完后，袖片袖下缝合并与身片相缝合。

4. **衣领**：用14号棒针，按衣领编织说明编织。注意机器领编织后中心留一开口，来回编织。

5. **收尾**：按刺绣花样在前片相应位置绣上花样。

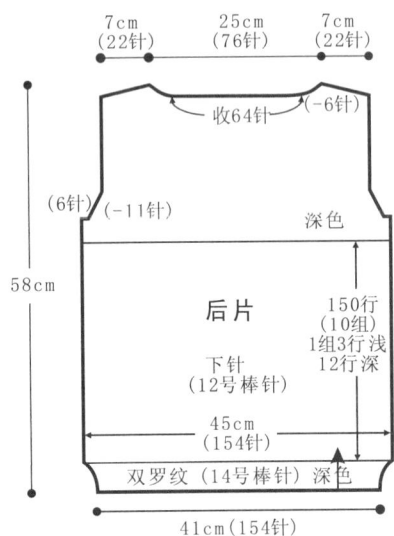

后片

7cm（22针）　25cm（76针）　7cm（22针）
收64针　（-6针）
1.5cm（8行）
17.5cm（84行）
（6针）（-11针）
深色
150行（10组）1组3行浅12行深
下针（12号棒针）
45cm（154针）
35cm（172行）
双罗纹（14号棒针）深色
4cm（24行）
58cm
41cm（154针）

袖窿减针
平织66行
2-1-7
2-2-2
行　针次
平收6针

后领减针
平织2行
2-1-1
2-2-1
2-3-1
行针次
中间平收64针

斜肩减针
2-6-1
2-5-1
2-6-1
2-5-1
行针次

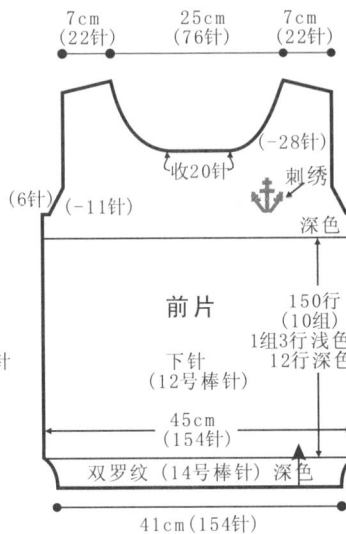

前片

7cm（22针）　25cm（76针）　7cm（22针）
（-28针）
收20针　刺绣
（6针）（-11针）
深色
150行（10组）1组3行浅色12行深
下针（12号棒针）
45cm（154针）
35cm（172行）
双罗纹（14号棒针）深色
4cm（24行）
41cm（154针）

前领减针
平织10行
4-1-1
2-1-13
2-2-1
2-3-1
2-4-1
2-5-1
行针次
中间平收20针

10cm（48行）
9cm（44行）

双罗纹

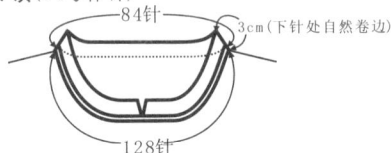

衣领（14号棒针）

84针
3cm（下针处自然卷边）
128针

衣领编织说明：用14号棒针，前、后领各挑128针、84针，即共挑212针，机器领编织后，织6行双罗纹、6行下针后收针。注意：机器领后中心留一开口，往返编织。

机器领编织图解
外侧

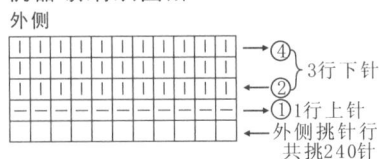

④3行下针
②
①1行上针
外侧挑针行共挑240针

内侧

②2行下针
①
内侧挑针行与外侧一样挑176针

内外侧合并

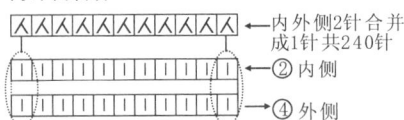

内外侧2针合并成1针共240针
②内侧
④外侧

机器领编织说明：分内外侧挑，外侧挑针后，织1行上针3行下针；内侧挑与外侧同样针数后，织2行下针。两侧均织完后内外侧合并，针数即为一侧挑针数。

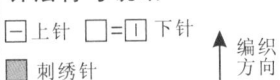

袖片

7cm（22针）
（6针）（-38针）
32cm（110针）
深色
袖片
150行（10组）1组3行浅12行深
下针（12号棒针）
（+19针）
52cm
（+6针）
双罗纹（14号棒针）深色
4cm（24行）
15cm（66针）

均匀加6针
9-1-3
10-1-3
行　针　次

袖下加针
平织10行
10-1-11
8-1-7
6-1-1
行针次

38cm（182行）
10cm（48行）

袖山减针
2-3-2
2-2-2
2-1-18
2-2-2
平收6针
行针次

刺绣花样

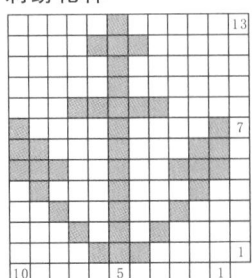

13　7　10　5　1

针法符号说明
－ = 上针　□ = | 下针
■ 刺绣针
↑ 编织方向

122

【成品尺寸】衣长 64cm，胸围 88cm，袖长 55cm，肩宽 32cm
【密　　度】32 针 ×46 行 =10cm²
【工　　具】12 号棒针，1.5mm 钩针
【材　　料】意大利棉线段染系列 500g
【制作方法】
衣服为从下往上编织，由 1 片后片、1 片前片、2 片袖片组成；领口边缘用钩针钩织。

1.后片：①下针起针法起 147 针，花样 A(见花样 A 图解及说明) 编织 2 组花，织 7cm。②下针编织，并按腋下加减针编织，织 38cm。③开袖窿：两边平收 7 针，两侧各减 12 针，减针方法见后袖窿减针，织 17.5cm。④开后领、织斜肩：两者同时进行；减针方法均按图示编织，织斜肩时用引退针编织，参考斜肩示意图，编织 1.5cm。

2.前片：①同后片。②下针编织，并按腋下加减针编织，织 32cm。③下针、花样 B 编织，每份均为 47 针，花样 B 见花样 B 及前领减针图；织 28 行。④开前袖窿，按后袖窿减针织 7cm；⑤开前领、织斜肩：按前领减针织 48 行，可参考花样 B 及前领减针图；最后 8 行织斜肩。斜肩织法同后片。

3.袖片(2 片)：①下针起针法，起 63 针(见花样 A 图解及说明)，花样 A 编织 2 组花，织 7cm。②下针编织，均匀加 6 针，加针方法见图均匀加 6 针，往上两侧逐渐加针，加针方法见袖下加针，织 36cm。③织袖山：袖山两边各平收 7 针，然后按袖山减针编织，织 12cm。

4.衣领：用 1.5mm 钩针挑针，针数上和行数上均为 1 对 1 挑针。然后按花样 B 钩织 24 组花样，前领 16 组，后领 8 组。

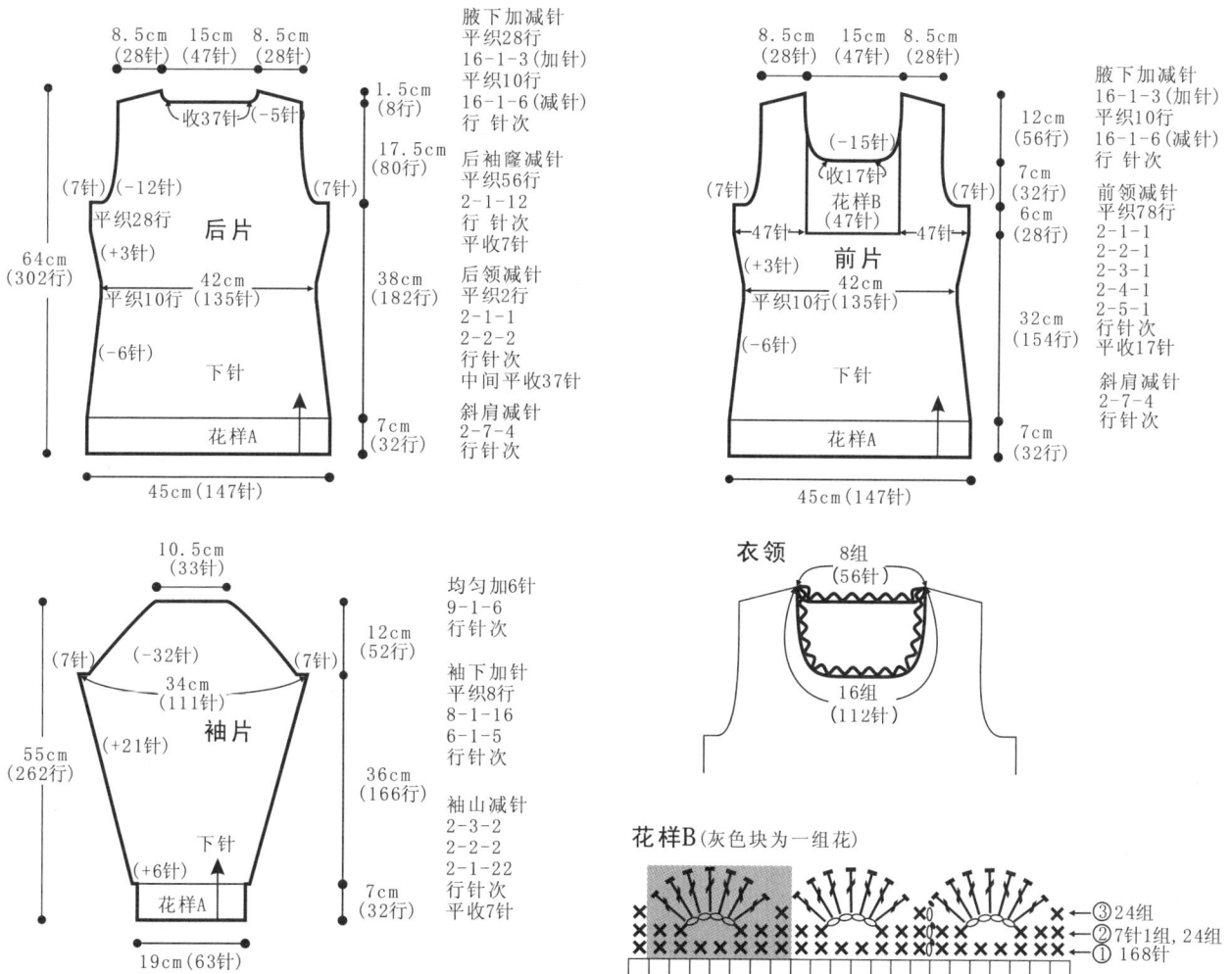

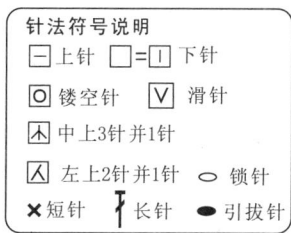

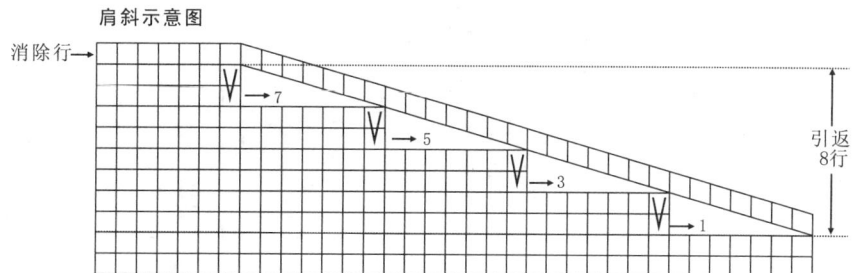

橙白段染长袖衫

后片图示：
8.5cm(28针)　15cm(47针)　8.5cm(28针)
1.5cm(8行)
收37针(-5针)
17.5cm(80行)
(7针)(-12针)　(7针)
平织28行(+3针)
后片
64cm(302行)
平织10行(135针)
42cm
38cm(182行)
(-6针)
下针
花样A　7cm(32行)
45cm(147针)

腋下加减针
平织28行
16-1-3(加针)
平织10行
16-1-6(减针)
行 针次
后袖窿减针
平织56行
2-1-12
行 针次
平收7针
后领减针
平织2行
2-1-1
2-2-2
行针次
中间平收37针
斜肩减针
2-7-4
行针次

前片图示：
8.5cm(28针)　15cm(47针)　8.5cm(28针)
(-15针)
收17针
花样B(47针)
(7针)　(7针)
(+3针)
前片
平织10行(135针)
42cm
(-6针)
下针
花样A　7cm(32行)
45cm(147针)

腋下加减针
16-1-3(加针)　12cm(56行)
平织10行
16-1-6(减针)　7cm(32行)
行 针次　6cm(28行)
前领减针
平织78行
2-1-1
2-2-1
2-3-1
2-4-1
2-5-1
行 针次　32cm(154行)
平收17针
斜肩减针
2-7-4
行 针次

袖片图示：
10.5cm(33针)
(7针)(-32针)(7针)　12cm(52行)
34cm(111针)
袖片
55cm(262行)
(+21针)
36cm(166行)
下针
(+6针)
花样A　7cm(32行)
19cm(63针)

均匀加6针
9-1-6
行针次
袖下加针
平织8行
8-1-16
6-1-5
行针次
袖山减针
2-3-2
2-2-2
2-1-22
行针次
平收7针

衣领
8组(56针)
16组(112针)

花样B(灰色块为一组花)
③24组
②7针1组，24组
①168针

针法符号说明
☐ 上针　☐=｜下针
Ｏ 镂空针　Ⅴ 滑针
Ⅻ 中上3针并1针
Ｖ 左上2针并1针　○ 锁针
× 短针　｜ 长针　● 引拔针

肩斜示意图
消除行→
→7
→5
→3
→1
引返8行

花样A图解

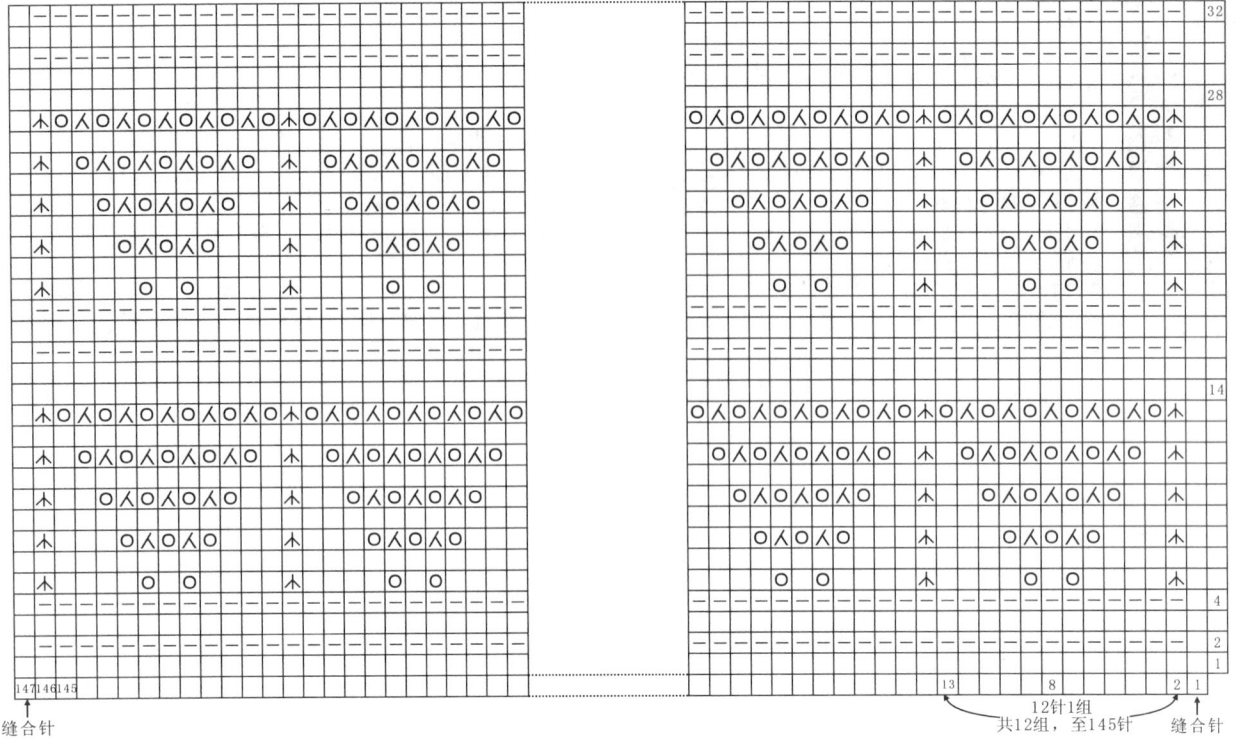

缝合针

32

28

14

4
2
1

147 146 145

13   8   2 1

12针1组
共12组，至145针   缝合针

花样A说明：

身片起147针，分配为：起始1针缝合针；12组花；第146针每组第1针；结尾1针缝合针。

袖片起63针，分配类似身片，不同为5组花

花样B及前领减针图

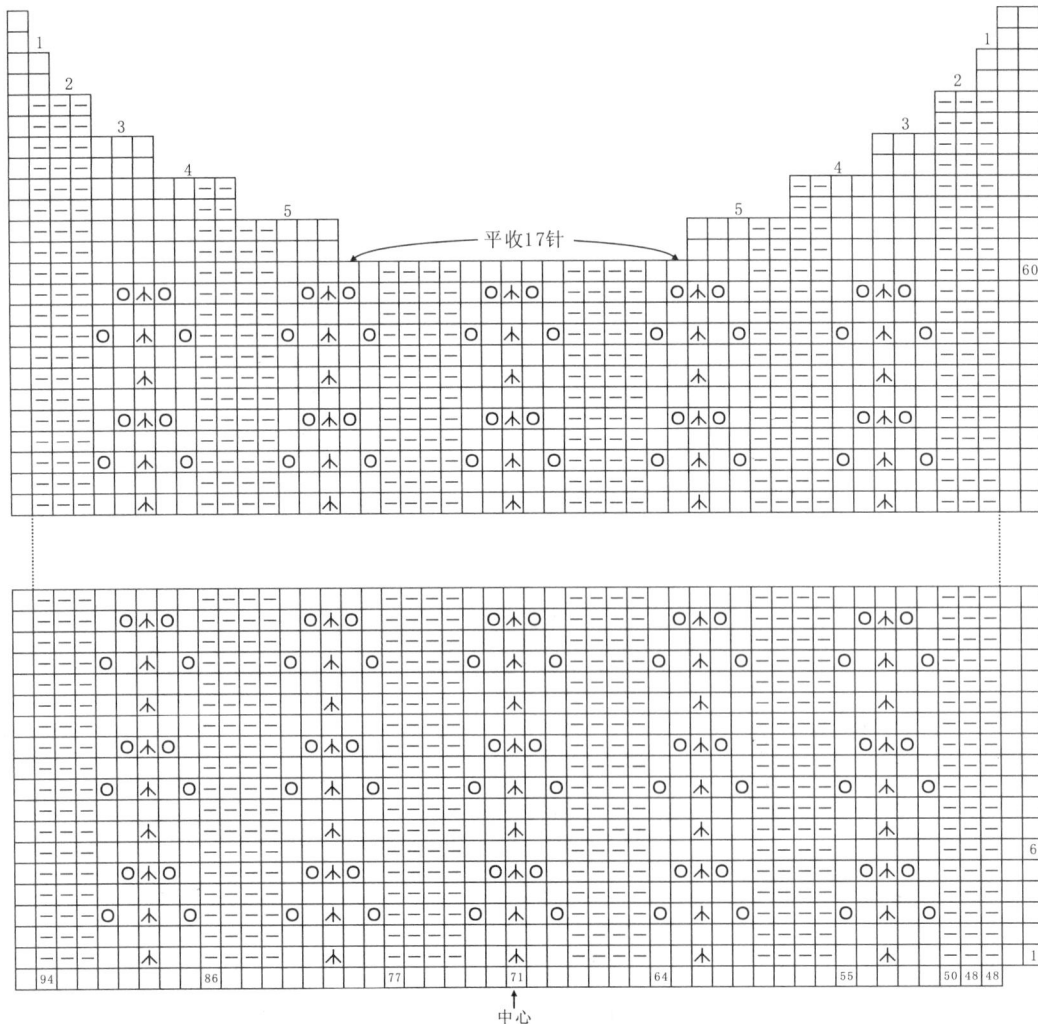

平收17针

1

2

3

4

5

60

6

1

94   86   77   71   64   55   50 48 48

中心

【成品尺寸】 衣长 67cm，胸围 86cm，肩宽 35cm，袖长 14cm

【密　　度】 棒针：37 针 × 48 行 =10cm²

【工　　具】 12 号棒针，4 号钩针；起针时用 14 号棒针

【材　　料】 白色棉线 250g，黑色蕾丝花边少许

【制作方法】

衣服为棒针、钩针编织衫；先用钩针圈织下身片，然后用棒针编织上身片及袖片。编织顺序参照图1。

1. **下身片：** ①用 4 号钩针，锁针起 240 针，12 针为 1 组，行数上为 20 组花，列数上钩 7 组花，此时扇形花长针数为 6 针。②每扇形花长针加 1 针，由 6 针变为 7 针，列数上钩 5 组花后断线。注意花样参照图2。

2. **上身片：** ①用钩针挑310针，然后用棒针编织下针，同时腋下两侧加针，织9cm。②分前后片，前片159针，后片151针。

3. **后片：** 两边平收 5 针，两侧各减 10 针，织 16.5cm；同时开后领、织斜肩，均按减针方法编织。

4. **前片：** 两边平收 7 针，两侧各减 12 针，织 8cm；按前领减针编织开前领，织第 49 行的同时织斜肩，斜肩编织方法同后片。前、后片均织完后，肩部缝合。

5. **袖片 (2 片)：** 用 12 号棒针，起 112 针，织入 2 行下针后按袖山减针编织，袖片为 14cm。

6. **衣领：** 袖口边缘：用 4 号钩针，按图3在衣领和袖口钩上花样 B。

7. **收尾：** 分别在领口、袖口、腰部各自第一行网格处穿入一条黑色蕾丝花边做装饰。

纯白素雅短袖裙

图1 结构图及编织顺序图

第一步 下身片(钩针圈钩)

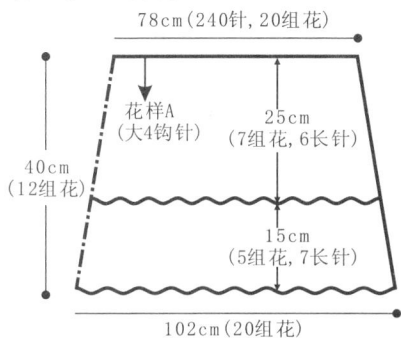

78cm(240针，20组花)

花样A
(大4钩针)

40cm
(12组花)

25cm
(7组花，6长针)

15cm
(5组花，7长针)

102cm(20组花)

第二步 上身片(棒针)

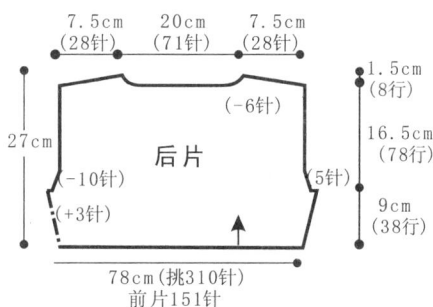

7.5cm (28针)　20cm (71针)　7.5cm (28针)

1.5cm(8行)

27cm

后片

(-6针)

(-10针)

(+3针)

(5针)

16.5cm(78行)

9cm(38行)

78cm(挑310针)
前片151针

7.5cm (28针)　20cm (71针)　7.5cm (28针)

27cm

前片

(-26针)

(-12针)

(+3针)

(7针)

10cm(48行)

8cm(38行)

9cm(38行)

78cm(挑310针)
前片159针

后片加减针顺序：

腋下加针
平织8行
10-1-3
行 针次

后袖窿减针
平织62行
2-1-6
2-2-2
行针次
平收5针

后领减针
平织2行
2-1-1
2-2-1
2-3-1
行针次
平收59针

斜肩减针
2-7-4
行 针次

前片加减针顺序：

前袖窿减针
平织60行
2-1-6
2-2-3
行针次
平收7针

前领减针
平织行
2-1-10
2-2-2
2-3-1
2-4-1
2-5-1
行针次
平收19针

第三步 袖片(棒针)

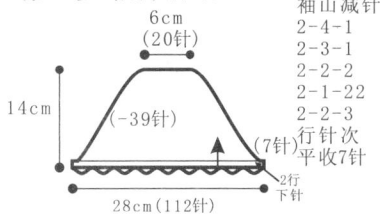

6cm(20针)

14cm

(-39针)

袖山减针
2-4-1
2-3-1
2-2-2
2-1-22
2-2-3
行针次
平收7针

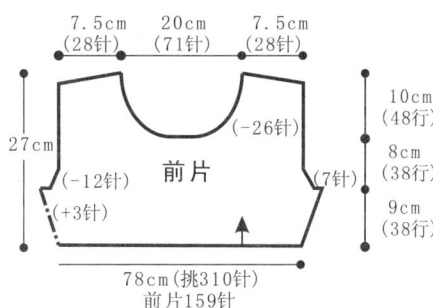

(7针)

2行下针

28cm(112针)

第四步 衣领(钩针)

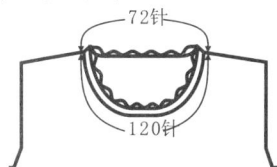

72针

120针

衣领编织说明： 前、后领各挑120针、72针，花样B钩织，12针为1组，共钩18组花。

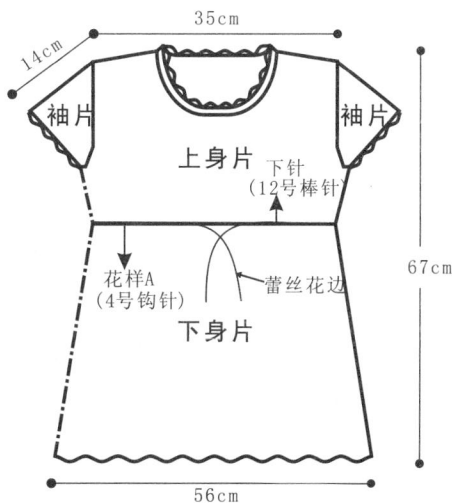

第五步 袖口边缘(钩针)

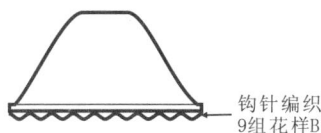

钩针编织
9组花样B

整体结构图

35cm

14cm

袖片　袖片

上身片　下针(12号棒针)

花样A(4号钩针)

蕾丝花边

下身片

67cm

56cm

图2 花样A图解(起240针，12组花，7组花后长针处加1针，共织48行)

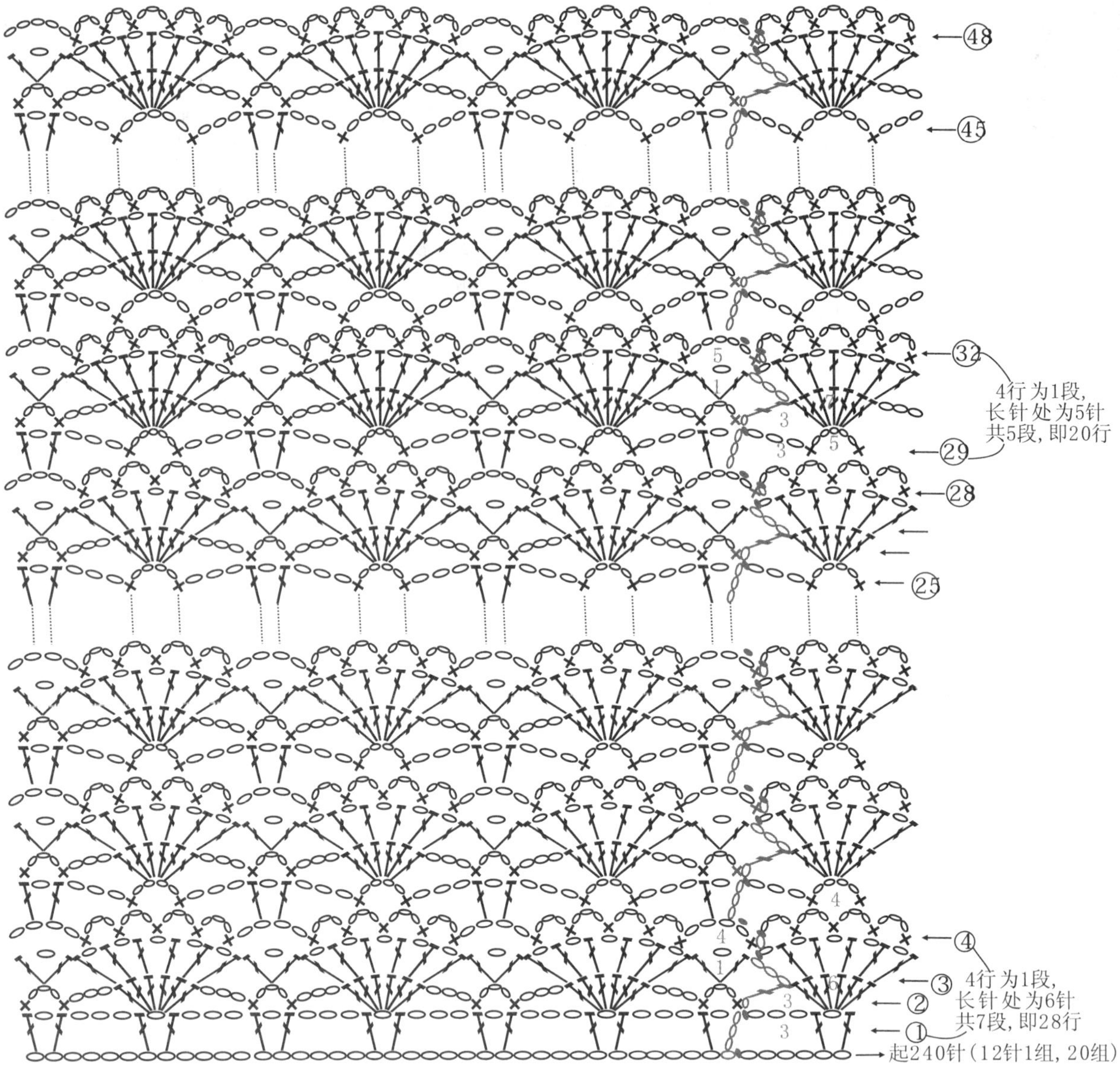

←48

←45

←32

4行为1段，
长针处为5针
←29 共5段，即20行

←28

←25

4
4
1
0
←④
←③ 4行为1段，
3 长针处为6针
←② 共7段，即28行
3
←①
3
←起240针(12针1组，20组)

图3 花样B图解(袖口、领口花样)

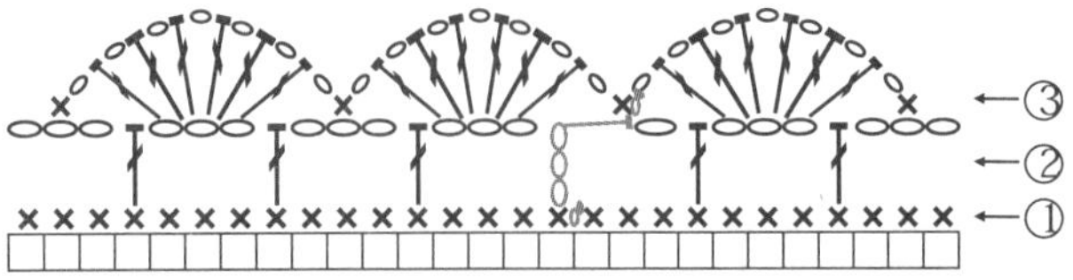

←③
←②
←①

针法符号说明

| 下针 ● 锁针 ↑ 编织方向

● 引拔针 ✕ 短针 | 长针

拼色长袖毛衣裙

【成品规格】衣长 68cm，胸围 80cm，袖长 52cm

【编织密度】34 针 ×40 行 =10cm²

【工　　具】11 号、12 号、13 号棒针

【材　　料】紫色山羊绒线 450g，黑色 100g

【编织要点】

1. 后片：用 13 号棒针起 210 针织双罗纹 26 行，换 12 号棒针织平针；先均减掉 22 针，此时还有 188 针；平织 20 行，然后每织 10 行在两侧收掉 2 针共收 11 次，平织 6 行；平织部分结束；上半部分织花样，先均加 10 针，分别为花样 A 和花样 B，以花样 A 为主线，用花样 B 来间隔；织 44 行开挂，腋下平收 6 针，再按图示减针，用引退针法织斜肩，后领窝深 1.5cm；

2. 前片：织法同后片；前领窝深 10cm；中心平收 14 针，分别按图示在两侧减针，至完成；

3. 袖：分两部分；短袖部分：用 13 号棒针织双罗纹 16 行，换 12 号棒针织平针，先均收 12 针，织 5 行平针开始织袖山；腋下平收 7 针，每 4 行减 2 针减 15 次，2 行减 2 针减 3 次，最后 32 针平收；袖套部分：用 12 号棒针织黑色双罗纹 44cm，从短袖的内层缝合；

4. 领：用 13 号棒针沿领窝挑针织领台，先织 1 行上针，再织 4 行平针；从内层挑针处如数挑针织 3 行平针后与前面合并；织分散加针花样，并分别用 13 号、12 号、11 号棒针各织数行，形成盆领，完成。

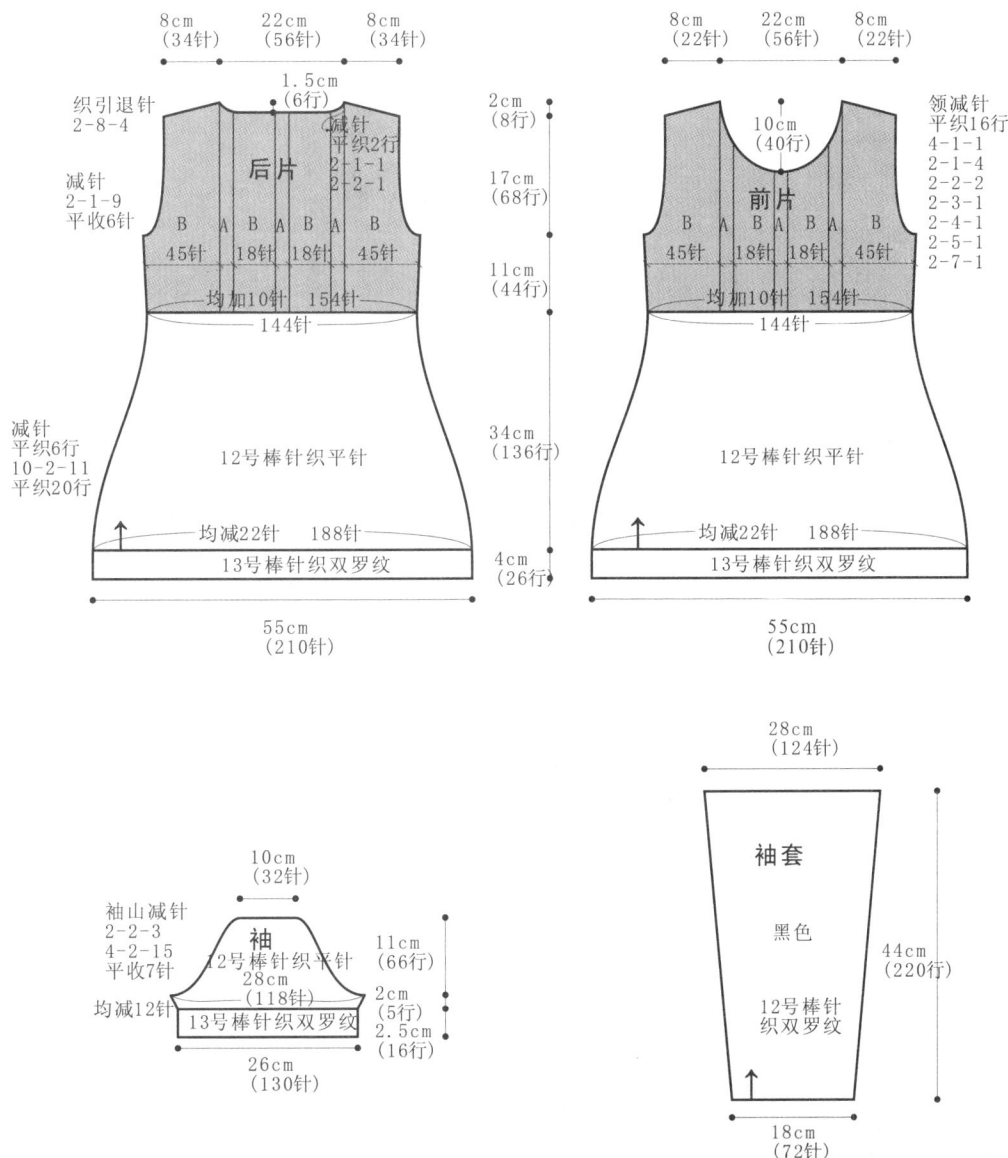

后片

8cm (34针) ‖ 22cm (56针) ‖ 8cm (34针)

1.5cm (6行)

2cm (8行)

17cm (68行)

11cm (44行)

织引退针 2-8-4

减针 2-1-9 平收6针

减针 平织2行 2-1-1 2-2-1

B A B A B A B
45针 18针 18针 45针

均加10针　154针

144针

减针 平织6行 10-2-11 平织20行

12号棒针织平针

34cm (136行)

均减22针　188针

13号棒针织双罗纹

4cm (26行)

55cm (210针)

前片

8cm (22针) ‖ 22cm (56针) ‖ 8cm (22针)

2cm (8行)

10cm (40行)

17cm (68行)

11cm (44行)

领减针 平织16行 4-1-1 2-1-4 2-2-2 2-3-1 2-4-1 2-5-1 2-7-1

B A B A B A B
45针 18针 18针 45针

均加10针　154针

144针

12号棒针织平针

34cm (136行)

均减22针　188针

13号棒针织双罗纹

4cm (26行)

55cm (210针)

袖

10cm (32针)

袖山减针 2-2-3 4-2-15 平收7针

12号棒针织平针 28cm (118针)

11cm (66行)

2cm (5行)

2.5cm (16行)

均减12针

13号棒针织双罗纹

26cm (130针)

袖套

28cm (124针)

黑色

12号棒针 织双罗纹

44cm (220行)

18cm (72针)

领

织花样C

224针

18行 16行 | 11号棒针织

18行 | 12号棒针织 | 18cm （72行）

36行 | 13号棒针织
织10行
后加针

挑168针

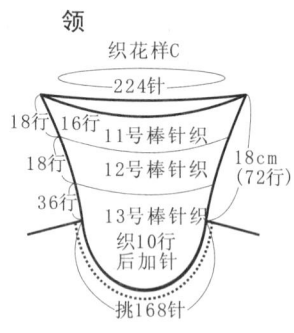

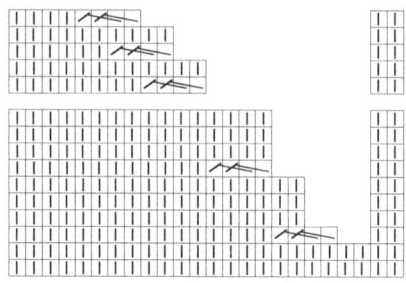

裙及袖山收针方法

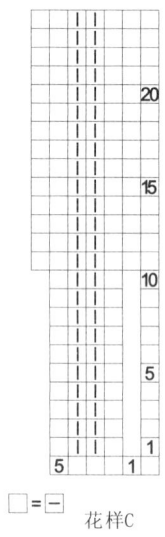

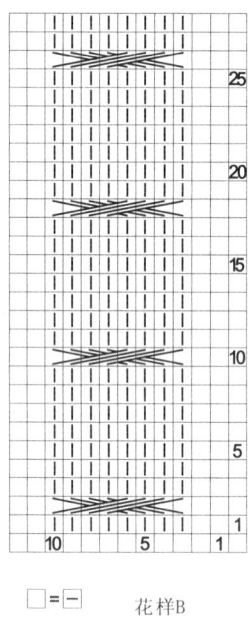

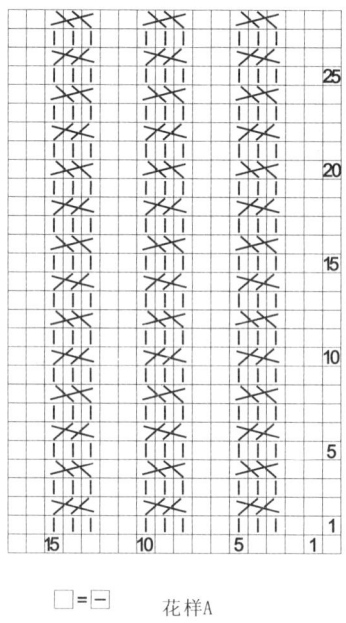

花样C

□=□

花样B

□=□

花样A

□=□

针法符号说明

☒ =右上2针交叉

☒ =左上3针交叉

☒ =右上3针交叉

=第4针和第2针并收
第3针和第1针并收
4 3 2 1

=右上8针交叉

包臀塑身长毛衣

【成品尺寸】衣长 75cm，胸围 80cm，腰围 76cm，肩袖长 65cm，袖长 43cm(不包括圆肩)
【密　　度】10 号棒针：30 针 ×40 行 =10cm²；11 号棒针：37 针 ×50 行 =11cm²
【工　　具】10 号、11 号棒针
【材　　料】貂绒 1 股 + 意毛 4 股 600g
【制作方法】
衣服为从上往下编织，由圆肩开始起织，然后分针，分前、后、袖片编织。尺寸见衣服整体结构图；针数及减针方法见衣服平面展开图。

1.圆肩双罗纹、花样A：①用 11 号棒针，双罗纹起针法起 168 针，花样 A 编织 12 行，织 4cm。②换 10 号棒针，花样 A 编织，共为 14 组花，随着花样 A 的编织，针数每组花由 12 针加至 26 针，即花样 A 织完后总的针数为 364 针，此段为 19cm。③参照衣服平面展开图，前片、左袖、后片、右袖分针为：104 针、78 针、104 针、78 针。

2.分前、后、袖片：①后片中心留 40 针，按引退针方法编织，共为 8 行。②针数分配同第 1 步③。③腋下两侧各加 12 针。

3.身片（圈织）：①用 10 号棒针，此时针数为 232 针，下针编织，按减 2 针编织 60 行，然后按加 14 针编织 132 行，此时针数为 280 针，此段为 48cm。②花样 B 编织，织 17 行，此段为 4cm。③换 11 号棒针，双罗纹编织 12 行后收针。

4.袖片（圈织两片）：①用 10 号棒针，圆肩 78 针加挑 12 针，针数共为 90 针，按袖片减 9 针编织，织 35cm。②换 11 号棒针，双罗纹编织 40 行，此段为 8cm。相同方法织另一片。

衣服整体结构图

19cm　3cm
35cm
圆肩
19cm
65cm
8cm
袖片
袖片
40cm
15cm
38cm
身片
41cm
75cm
38cm

衣服平面展开图

4cm
(20行)
4cm
(17行)

双罗纹(11号棒针)
花样A(10号棒针)
140针
(+14针)　　(+14针)
后片
(32针)　　下针(10号棒针)　　(32针)
引退方法　　　(40针)　　　引退方法
2-8-4　　(-2针)　　(-2针)　　2-8-4
行针次　　　　　　　　　　　行针次
(+12针)　花样A(10号棒针)　(+12针)
104针(4组)
35cm　　　　　　　　　　　双罗纹
(140行)　　　　　　　　　　(11号
8cm　78针　　双罗纹(12行)　78针　　棒针)
(40行)　(3组)　起168针　(3组)
20cm　左袖片　下针　　　　　　下针　右袖片
(72针)　　(10号棒针)　　　(10号棒针)
(-14针)　　104针(4组)　　(-9针)

(+12针)
(-2针)　　　15cm
下针(10号棒针)　(60行)
38cm
(112行)
前片
33cm
(132行)
(+14针)　　　　(+14针)
46cm
(140针)
花样A(10号棒针)
双罗纹(11号棒针)
38cm(140针)

身片　　　　　袖片
后片引退方法　(-9针)
2-8-4　　　　平织14行
行针次　　　　14-1-9
　　　　　　　行针次
(-2针)
30-1-2
行针次
(+14针)
12-1-5
8 -1-9
行针次

花样B图解

花样A图解(1组花=12针×74行。起针168针，即共14组花)

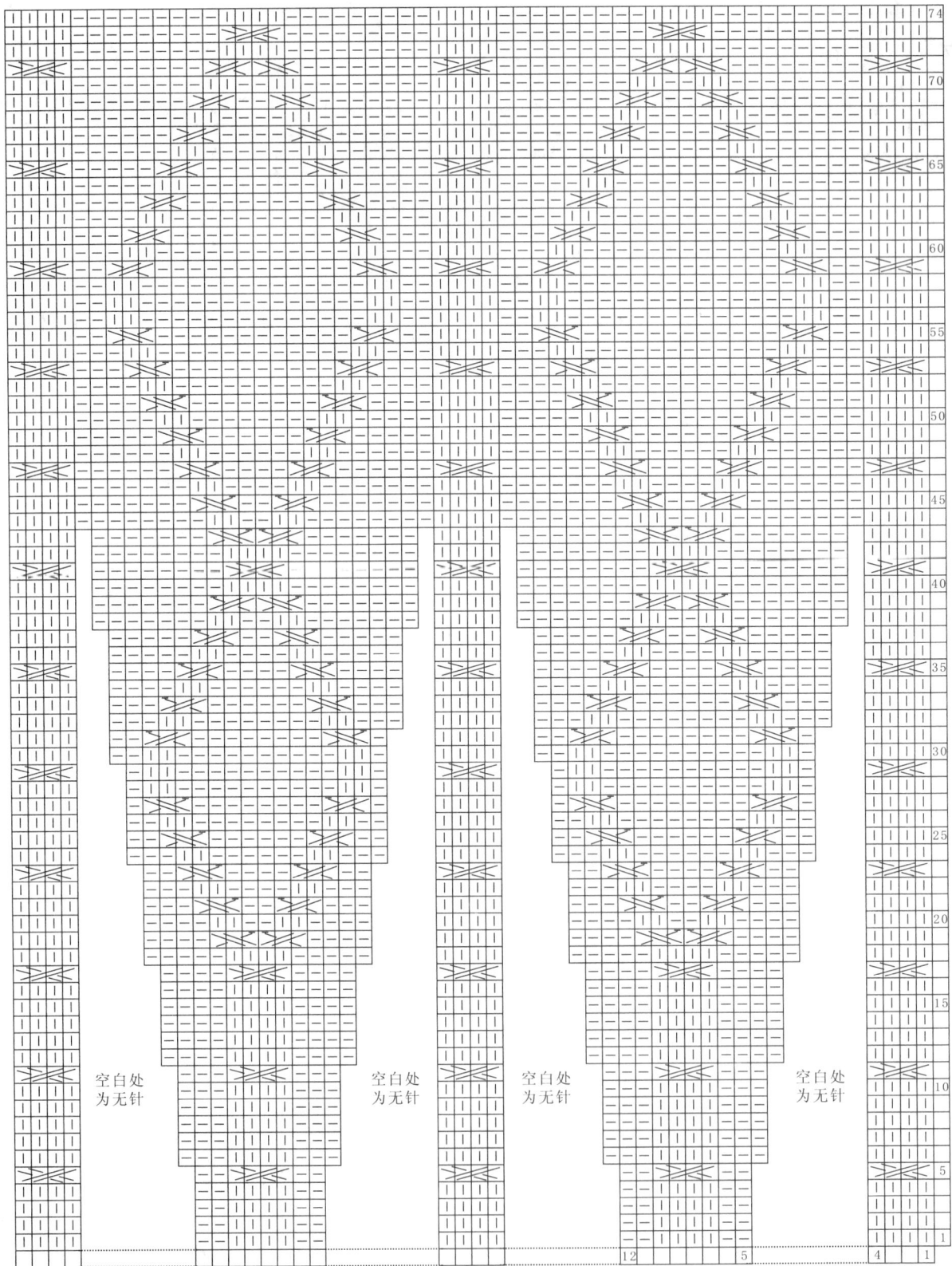

空白处为无针　　　空白处为无针　　　空白处为无针　　　空白处为无针

针法符号说明

□ 上针　　｜ 下针　　▨ 左上2针交叉　　↑ 编织方向

▨ 左上2针下针与右下1针上针交叉　　▨ 右上2针下针与左下1针下针交叉

130

【成品规格】衣长 56cm，胸围 80cm，袖长 27cm
【编织密度】34 针 × 40 行 = 10cm²
【工　　具】11 号棒针
【材　　料】芦荟棉线 400g
【编织要点】

1. 后片：起 142 针按图解织边缘花样，边缘花样结束后，开始织花样 A 并在两边收针然后再加针织出腰线，开挂后按图示腋下进行减针，减针完成开始织花样 B，因为花样为单数，后片要再收 1 针；挂肩织 17cm，肩用引退针的方式织斜肩；
2. 前片：开挂以下织法同后片，织花样 B 时两边分开织，织 5cm 开始收领窝；
3. 袖：起 82 针，先织花缘花样，然后织花样 A，并开始在两边依次减针，织出袖筒，减针结束后平织 10 行织袖山；另起 142 针织叠加层，边缘花样结束后再织花样 A12 行，在里层缝合；
4. 领：沿领窝挑 164 针，织全平针 6 行平收；
5. 缝合各部分，完成。

芋美人·芦荟棉
中袖衫

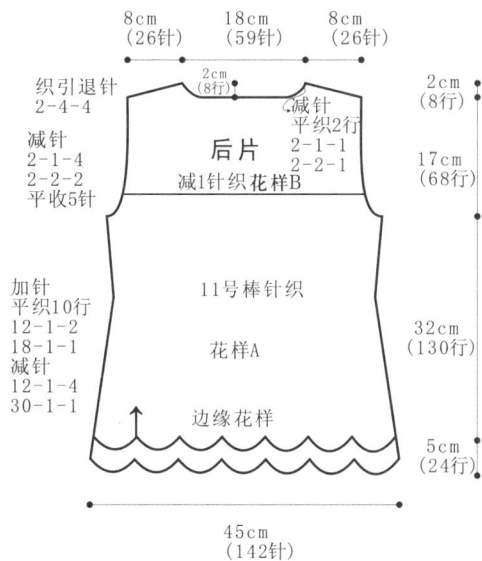

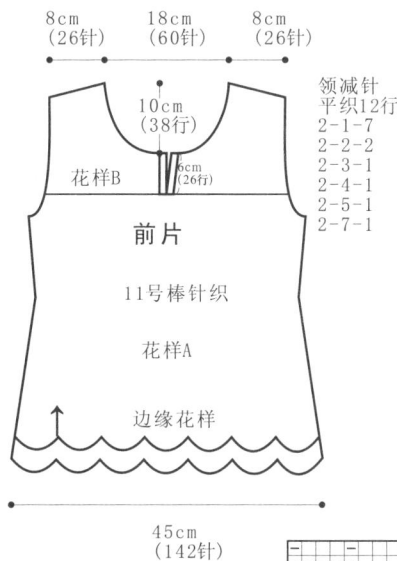

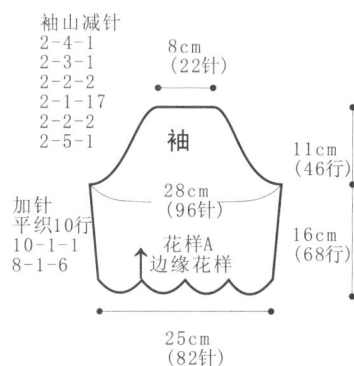

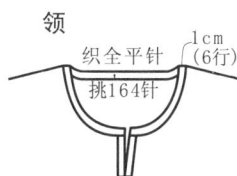

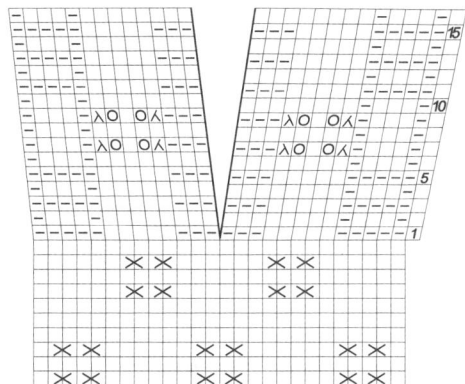

前片左右分开织

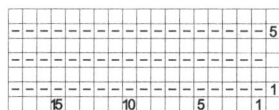

针法符号说明

|O| = 加针
|⋌| = 左上2针并1针
|⋋| = 右上2针并1针
|区| = 右上2针交叉
|区| = 左上2针交叉

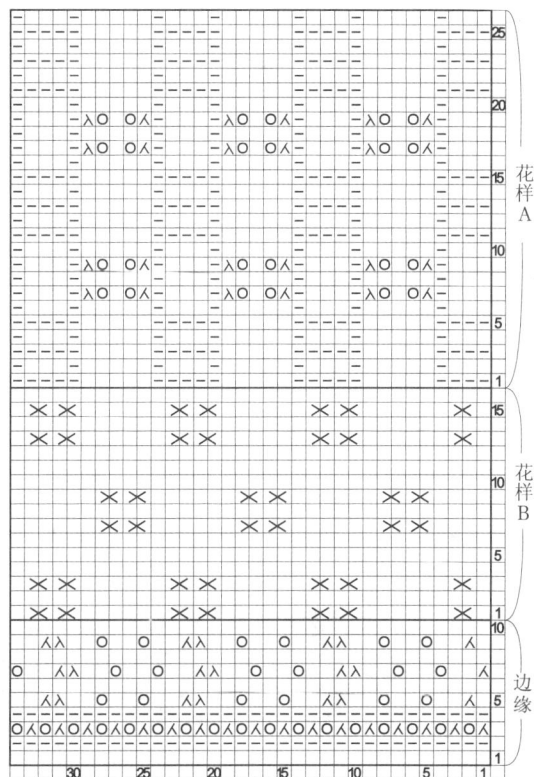

编织花样

【成品规格】衣长 70cm，胸围 80cm，袖长 56cm
【编织密度】33 针 × 44 行 =10cm²
【工　　具】12 号、13 号棒针
【材　　料】貂绒线 450g
【编织要点】

1. 后片：用 13 号棒针起 182 针按图解织边缘花样 6 行后，换 12 号棒针织花样 A，按图示分别在两侧减针，织 176 行后织花样 B，再织 10cm 后开挂肩；腋下平收 7 针，按图示在两侧分别减针，用引退针法织斜肩；
2. 前片：基本同后片，花样 B 织 37 行后从中心分成两片，中心的 4 针重叠，做门襟的 4 针织全平针，织 20 行开始收领窝；
3. 袖：用 13 号棒针起 78 针织边缘花样 6 行，换 12 号棒针再织花样 A6 层，上面全部织花样 B，两侧分别按图示加收针织出袖筒和袖山；织好与身片缝合；
4. 领：沿领窝挑针织全平针 6 行，另钩一条绳穿在花样 A 的最后一行，完成。

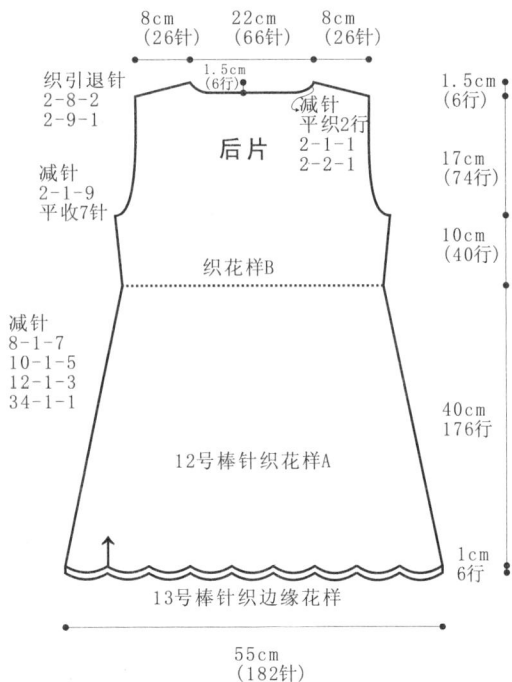

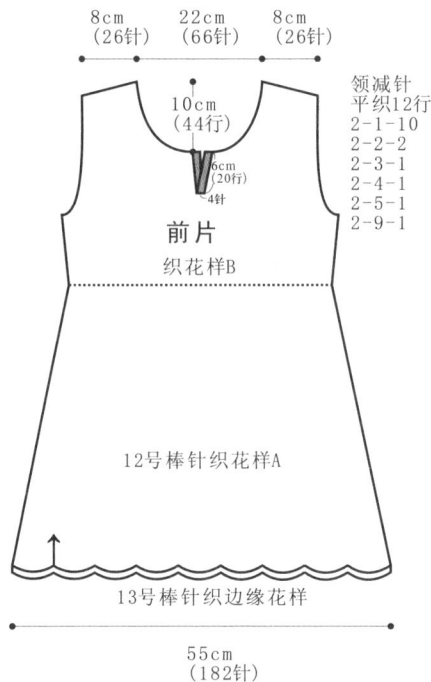

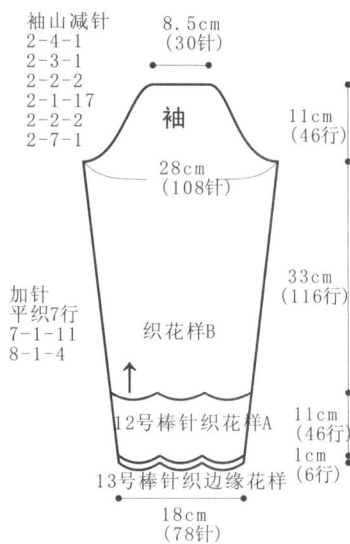

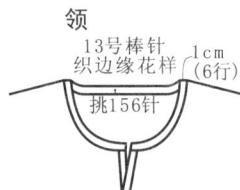

麦穗·中长裙衫

8cm（26针）　22cm（66针）　8cm（26针）

1.5cm（6行）

织引退针
2-8-2
2-9-1

减针
平织2行
2-1-1
2-2-1

后片

减针
2-1-9
平收7针

1.5cm（6行）

17cm（74行）

织花样B

10cm（40行）

减针
8-1-7
10-1-5
12-1-3
34-1-1

12号棒针织花样A

40cm
176行

13号棒针织边缘花样

1cm
6行

55cm（182针）

8cm（26针）　22cm（66针）　8cm（26针）

10cm（44行）

6cm（20行）
4针

前片

领减针
平织12行
2-1-10
2-2-2
2-3-1
2-4-1
2-5-1
2-9-1

织花样B

12号棒针织花样A

13号棒针织边缘花样

55cm（182针）

袖山减针
2-4-1
2-3-1
2-2-2
2-1-17
2-2-2
2-7-1

8.5cm（30针）

袖

28cm（108针）

11cm（46行）

33cm（116行）

加针
平织7行
7-1-11
8-1-4

织花样B

12号棒针织花样A

13号棒针织边缘花样

11cm（46行）

1cm（6行）

18cm（78针）

领

13号棒针
织边缘花样

1cm（6行）

挑156针

钩一条绳穿在腰间
钩绳：一端留出成品长度的3～4倍

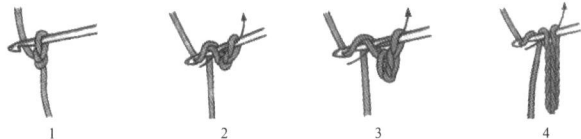

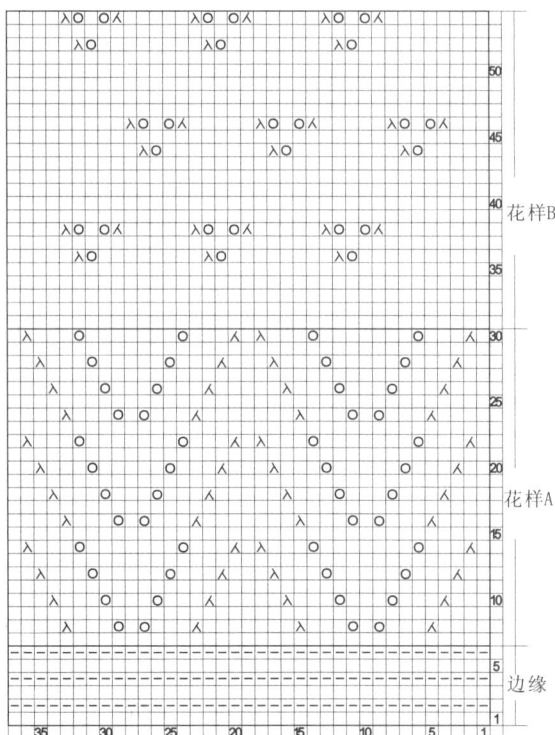

1　　2　　3　　4

针法符号说明

〇 =加针

人 =左上2针并1针

人 =右上2针并1针

花样B

花样A

边缘

□=|

编织花样

132

【成品规格】衣长 80cm，胸围 80cm
【编织密度】24 针 ×25 行 =10cm²
【工　　具】9 号棒针，5 号钩针
【材　　料】羊绒线 + 马海毛线 + 亮丝结子线合股 230g
【编织要点】
1. 圈织：起 289 针，织花样 40 行后均匀收 34 针，即每花收 2 针；前片分 129 针，后片 126 针织平针，并在两侧加减针织腰线；开挂腋下收平收 14 针，再依次减针，肩织斜肩，前片分针后织 24 行后开领窝，后片织 62 行后开领窝；
2. 缝合肩：分别在领和袖钩花样，完成。

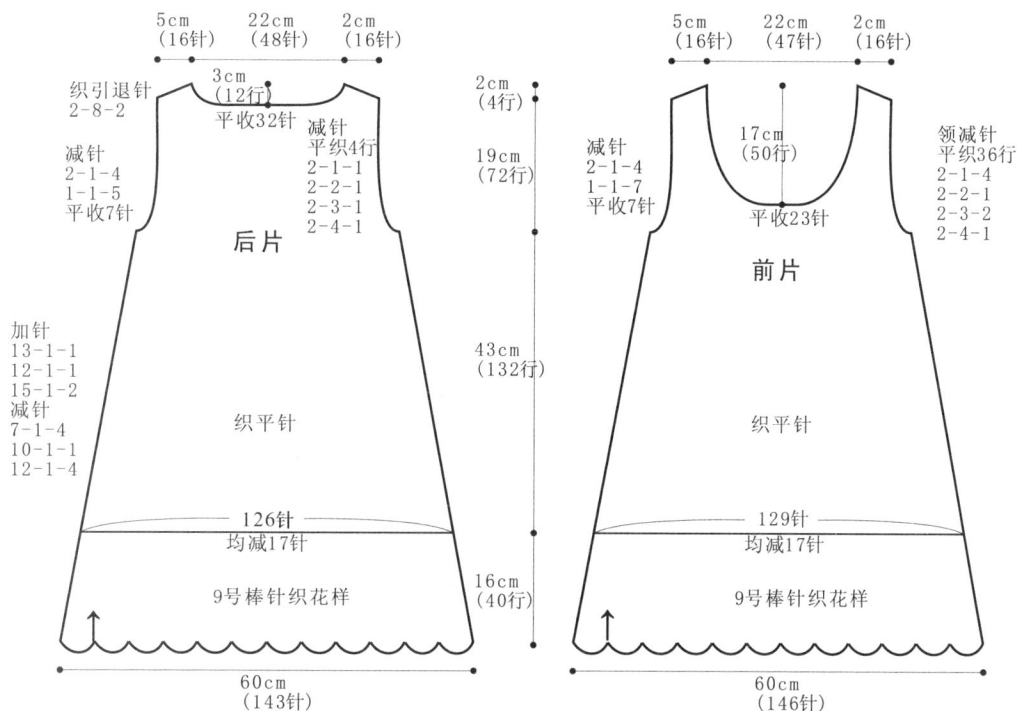

休闲风背带裙

后片

5cm（16针）　22cm（48针）　2cm（16针）

织引退针 2-8-2
减针 2-1-4 1-1-5 平收7针
3cm（12行）平收32针
减针 平织4行 2-1-1 2-2-1 2-3-1 2-4-1

加针 13-1-1 12-1-1 15-1-2
减针 7-1-4 10-1-1 12-1-4

织平针

126针 均减17针

9号棒针织花样

60cm（143针）

2cm（4行）
19cm（72行）
43cm（132行）
16cm（40行）

前片

5cm（16针）　22cm（47针）　2cm（16针）

减针 2-1-4 1-1-7 平收7针
17cm（50行）平收23针
领减针 平织36行 2-1-4 2-2-1 2-3-2 2-4-1

织平针

129针 均减17针

9号棒针织花样

60cm（146针）

领、袖口
钩边缘花样

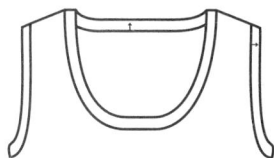

边缘花样

针法符号说明

O = 加针
人 = 左上2针并1针
入 = 右上2针并1针
+ = 短针
○ = 辫子
T = 长针

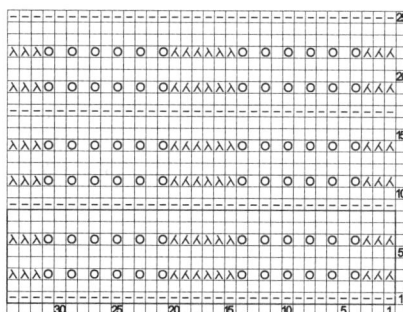

□ = ▽

编织花样

【成品尺寸】衣长57cm，胸围82cm，腰围78cm，肩宽36cm，袖长16cm，下摆宽46cm
【密　　度】花样A、C：35针×45行=10cm²；花样B：39针×45行=10cm²
【工　　具】13号、14号棒针，1.5mm钩针
【材　　料】真丝线，4股210g
【制作方法】
衣服为从下往上编织，由1片后片、1片前片、2片袖片编织而成。领、下摆、袖口边缘用钩针钩织花边。
1. 后片：①用14号棒针，下针起针法，起163针（针数分配见花样A图解），下摆袖口边缘花样编织4行；换13号棒针花样A编织，织15cm。②花样B：花样B编织，同时两侧加减针，编织按腋下加减针进行，织22cm。③开袖窿：两边平收7针，两侧各减13针。织10行花样B后，织16行花样A，织4.5cm；往上花样C编织，织14cm。④开后领、织斜肩：两者为同时进行，共8行；减针均按减针方法编织，此段为1.5cm。
2. 前片：①②同后片。③开袖窿：两边平收7针，两侧各减13针。织10行花样B后，织16行花样A，往上花样C编织16行，此段9cm。④开前领、织斜肩：前领中心收15针，两侧各减27针，减针方法见前领减针，织第41行的同时收斜肩，斜肩引退方法同后片。前后片均织完后，前片与后片肩部、腋下缝合。
3. 袖片(2片)：①用14号棒针，下针起针法，起163针（针数分配见花样A图解），下摆袖口边缘花样编织4行；换13号棒针花样C编织，织3.5cm。②织袖山：两边平收5针，两侧各减26针，按袖山减针编织。相同方法织另一片。袖片均织完后，袖片袖下缝合，并与身片相缝合。
4. 衣领：参照衣服边缘图及衣领边缘图解，前、后片各挑120针、72针，棒针织4行后，换钩针钩1行短针狗牙收边。
5. 下摆、袖口边缘：用1.5mm钩针，在下摆、袖口边缘按图解钩1行短针狗牙。挑针为1对1挑。

淡静婉约圆领衫

7cm (27针)　22cm (69针)　7cm (27针)

57针　（-6针）

花样C

（7针）　（-13针）花样A（16行）

后片

（+3针）

花样B

39cm（157针）

（-3针）

花样A　13号棒针

57cm

46cm（163针）

下摆边缘
（14号棒针+钩针）

1.5cm（8行）
14cm（64行）
4.5cm（26行）

22cm（98行）

15cm（68行）

腋下加减针
平织18行
12-1-2 加针
20-1-1
12-1-3 减针
行　针　次

袖窿减针
平织64行
2-1-13
行针次
平收7针

后领减针
平织2行
2-1-1
2-2-1
2-3-1
行针次
平收57针

7cm (27针)　22cm (69针)　7cm (27针)

花样C　15针　（-27针）

（7针）　（-13针）花样A（16行）

前片

（+3针）

花样B

39cm（157针）

（-3针）

花样A　13号棒针

1.5cm（8行）
9.5cm（48行）

9cm（42行）

22cm（98行）

15cm（68行）

46cm（163针）

下摆边缘
（14号棒针+钩针）

前领减针
平织2行
4　1-5
2-1-10
2-3-1
2-4-1
2-5-1
行针次
平收15针

斜肩减针
2-1-6
2-7-3
行针次

后领减针
1-1-6
2-1-30
行针次
平收7针

7cm (25针)

17cm　（-36针）袖片

（7针）　花样C　13号棒针

32cm（111针）

12.5cm（66行）

3.5cm（16行）

袖口边缘
（14号棒针+钩针）

衣领边缘

72针

120针

衣领边缘图解

下摆、袖口边缘图解

针法符号说明

□=上针　□=|下针　◎镂空针

⋋右上2针并1针　⋌左上2针并1针　→编织方向

⋏中上3针并1针　○锁针　✕短针

134

花样A、B图解(灰色块1组花=20针×16行)

前、后片163针排花：1针缝合针+8组花样A(160针)+1针(1组花中第1针)+1针缝合针

袖片111针排花：1针缝合针+4针下针+5组花样C(100针)+1针(1组花中第1针)+4针下针+1针缝合

花样B：对应花样A，腋下加减针再旁侧下针数

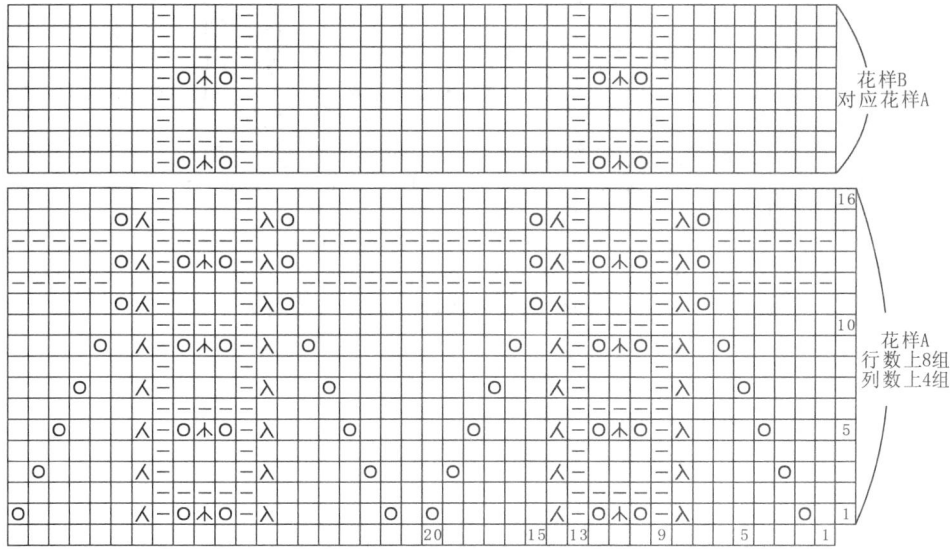

花样C图解

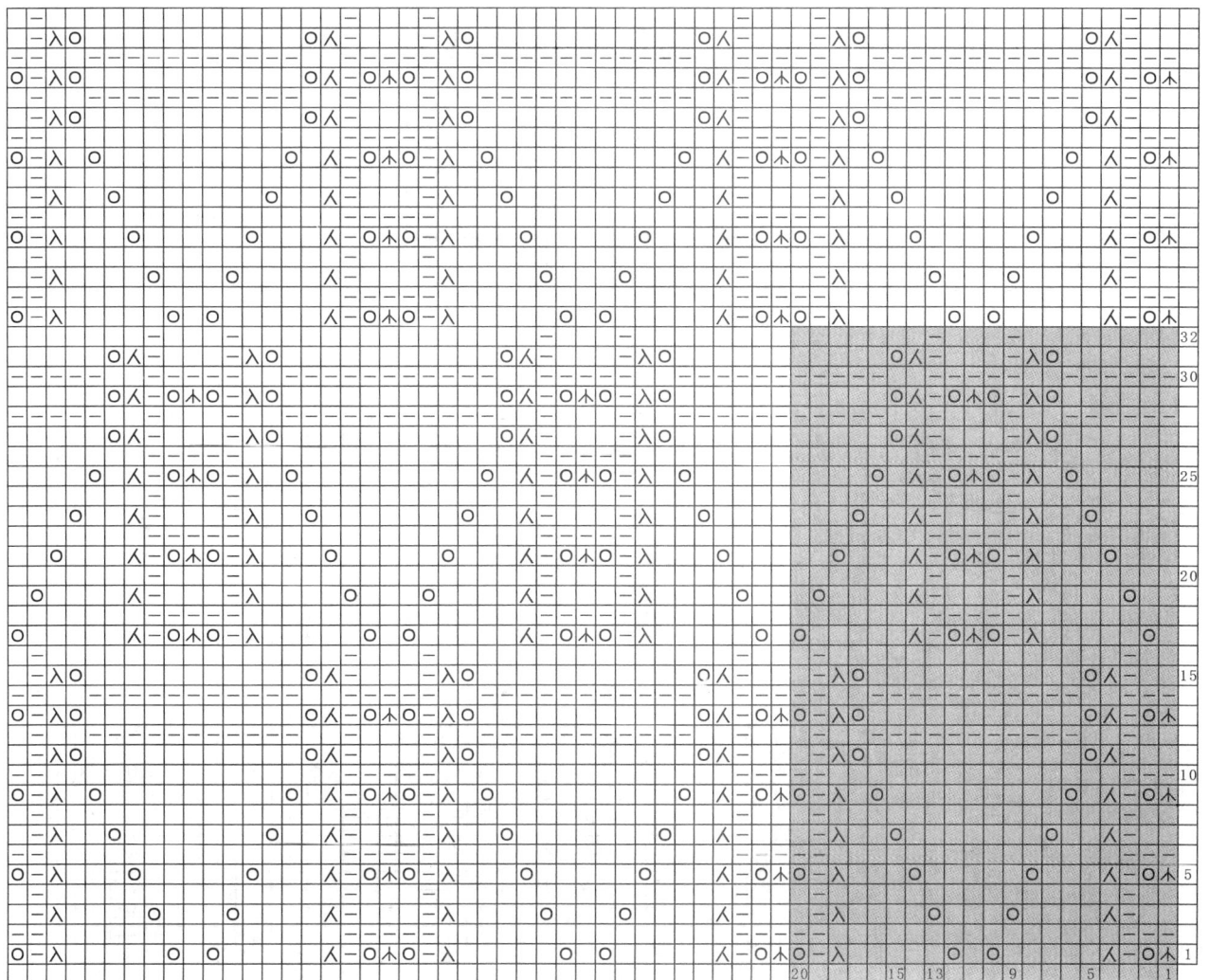

菱形花连衣裙

【成品尺寸】衣长78cm，胸围84cm，下摆116cm，肩宽38cm，袖长54cm
【密　　度】27针×38行=10cm²
【工　　具】10号棒针，5号钩针
【材　　料】5050毛绒线单股480g
【制作方法】
　衣服为从下往上编织，由1片后片、1片前片、2片袖片编织而成。领用钩针钩织花边。
1. 后片：①下针起针法，起147针，花样A编织，花样A见花样A图解，每组花为18针、32行。往上两侧各减15针，减针方法见腋下减针，织57cm；②开袖窿：两边平收5针，两侧各减5针，减针方法见袖窿减针，织19.5cm。③开后领、织斜肩：两者为同时进行，共为6行；减针均按减针方法编织，此段为1.5cm。
2. 前片：①同后片。②开袖窿：袖窿减针同后片，织10cm。③开前领：中心平收3针，两边各减25针，减针方法见前领减针，织36行。④织斜肩：织前领的同时织斜肩，为6行，同后片。前后片均织完后，前片与后片肩部、腋下缝合。
3. 袖片(2片)：①下针起针法，起55针，花样A编织，织41cm。②织袖山：两边平收5针，两侧各减26针，按袖山减针编织。相同方法织另一片。袖片均织完后，袖片袖下缝合，并与身片相缝合。
4. 衣领：用钩针，按花样B挑针钩织，每组花对应棒针9针，共织18组花。

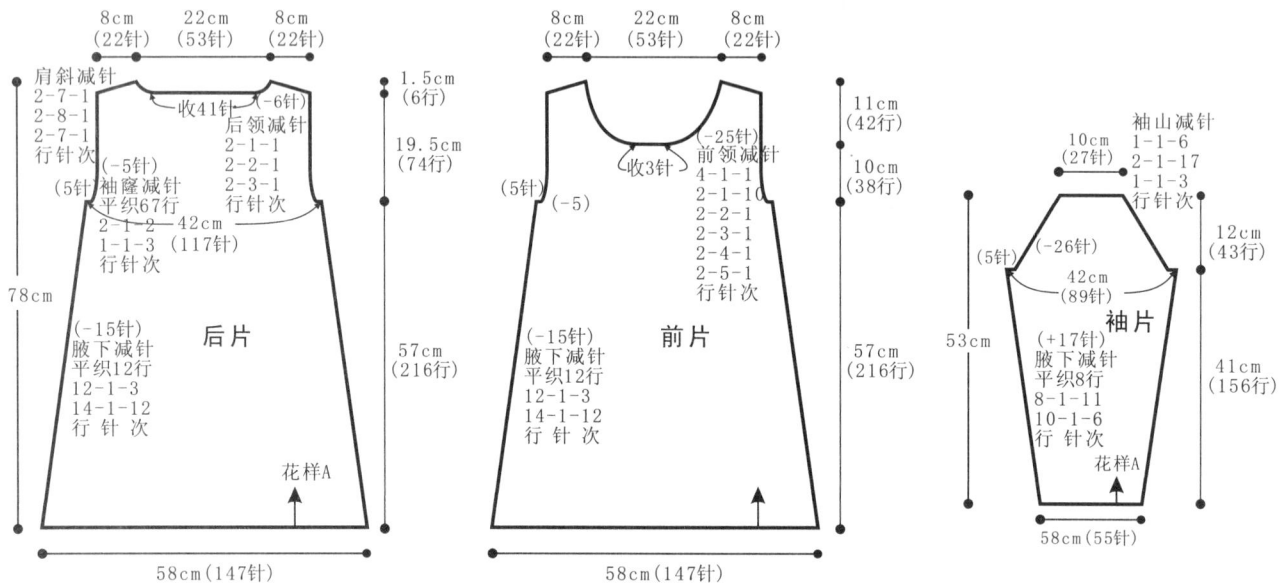

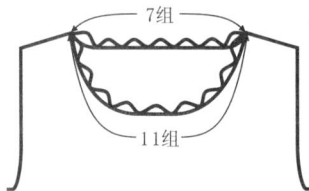

衣领(按花样B挑针)

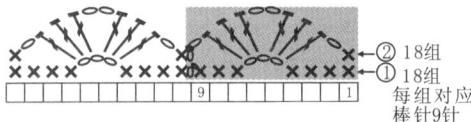

花样B(灰色块为一组花)

针法符号说明

― 上针	□=↑ 下针
○ 镂空针	⋋ 右上2针并1针
⋌ 左上2针并1针	↑ 编织方向
⋏ 中上3针并1针	○ 锁针
× 短针	┼ 长针
● 引拔针	

花样A图解

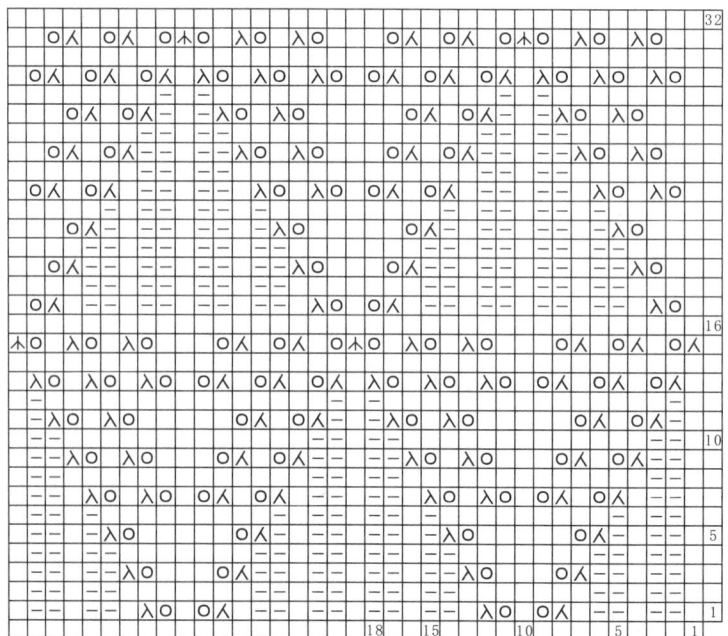

【成品尺寸】衣长 56cm，胸围 83cm，腰围 81cm，袖长 14cm，肩宽 34cm
【密　　度】38 针 ×47 行 =10cm^2
【工　　具】12 号棒针
【材　　料】牛奶真丝绒线 220g，蕾丝少许
【制作方法】
衣服为从下往上编织，由 1 片后片、1 片前片、2 片袖片编织而成。
1. 后片：①下针起针法起 173 针，搓板针织 4 行。②花样 A（见花样 A 图解）编织，并同时按腋下加减针减针编织，织 102 行；换下针编织，同时按腋下加减针加针编织，织 58 行，此段为 38cm，包括 4 行搓板。③开袖窿：两边平收 5 针，两侧各减 11 针，减针方法见后袖窿减针，织 16.5cm。④开后领、织斜肩：两者为同时进行；减针方法均按图示编织，织斜肩时用引退针编织，此段为 1.5cm。
2. 前片：①同后片。②类似后片，不同为腋下减针为减 6 针。③开袖窿：两边平收 7 针，两侧各减 11 针，减针方法见前袖窿减针，织 16.5cm。④开前领：开前领在开袖窿后第 7 行时进行，分两段减针，第一段减 4 针、第二段减 26 针，均按减针方法编织。⑤织斜肩：斜肩织法同后片，在前领织 78 行后进行。前、后片均织完后，前片、后片肩部、腋下缝合。
3. 袖片（2 片）：①下针起针法起 112 针，搓板针织 4 行。②织袖山：袖山两边各平收 6 针，两侧各减 39 针，按袖山减针编织，织 14cm 包括搓板 4 行。相同方法织另一片。均织完后与身片相缝合。
4. 衣领：在前领和后领各挑 60 针、70 针、60 针，即共挑 180 针，搓板针编织 4 行后收针，然后在前领第一段减针结束处织一条 10 行的带子使左右相连。
5. 收尾：裁剪一定长度蕾丝，缝在领和袖窿处。

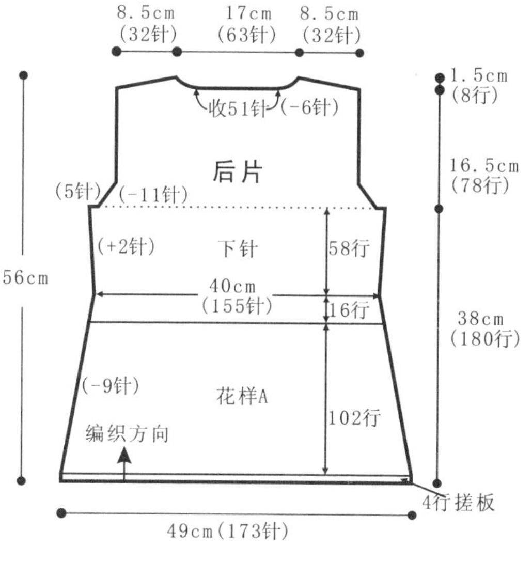

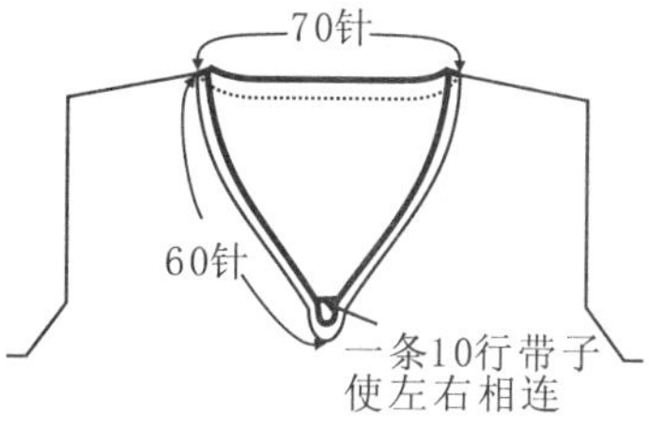

胭脂扣·牛奶丝
短袖衫

后片

8.5cm (32针)　17cm (63针)　8.5cm (32针)
收51针（-6针）
(5针)（-11针）
(+2针)　下针
40cm (155针)
(−9针)　花样A
编织方向
49cm（173针）
58行
16行
102行
1.5cm (8行)
16.5cm (78行)
38cm (180行)
56cm
4行搓板

腋下加减针
平织22行
14-1-1
22-1-1 加针
10-1-3
12-1-3 减针
14-1-3
20-1-1
行 针次

后袖窿减针
平织62行
2-1-5
2-2-3
行针次
平收5针

后领减针
平织2行
2-1-1
2-2-2
行针次
平收51针

斜肩减针
2-8-4
行针次

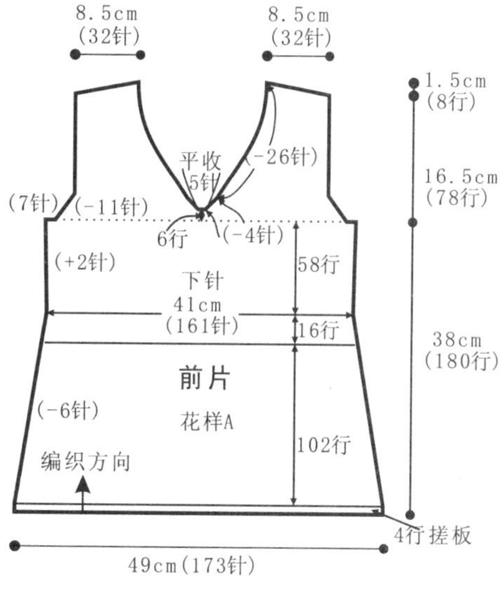

前片

8.5cm (32针)　8.5cm (32针)
平收 5针 （−26针）
(7针)（-11针）
6行 （−4针）
(+2针)　下针
41cm (161针)
(−6针)　花样A
编织方向
49cm（173针）
58行
16行
102行
1.5cm (8行)
16.5cm (78行)
38cm (180行)
4行搓板

腋下加减针
平织22行
14-1-1
22-1-1 加针
17-1-6 减针
行 针次

前袖窿减针
平织62行
2-1-5
2-2-3
行针次
平收7针

前领减针4针
平织2行
2-1-2
2-2-1
行针次
平收5针

前领减26针
平织26行
2-1-26
行针次

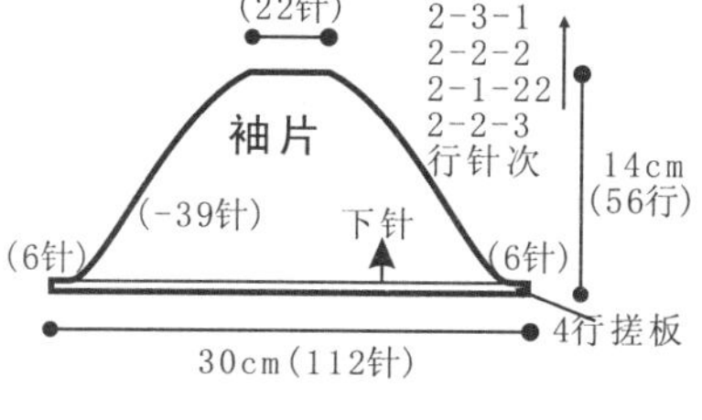

袖片

6cm (22针)
(6针)　(−39针)　下针　(6针)
30cm（112针）
14cm (56行)
4行搓板

袖山减针
2-4-1
2-3-1
2-2-2
2-1-22
2-3-3
行针次

衣领（4行搓板针）

70针
60针
一条10行带子使左右相连

搓板针

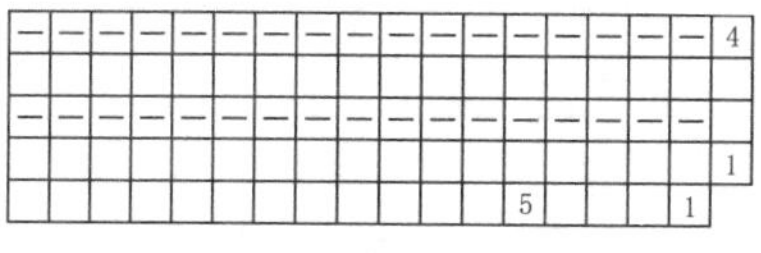

4
1
5　1

针法符号说明
⊟ 上针　＝⎮ 下针
Ｏ 镂空针　⋏ 中上3针并1针
⋀ 左上2针并1针　⋏ 右上2针并1针

花样A图解(前片173针排花：1针缝合针、2针下针、12组花、2针下针、1针缝合针)

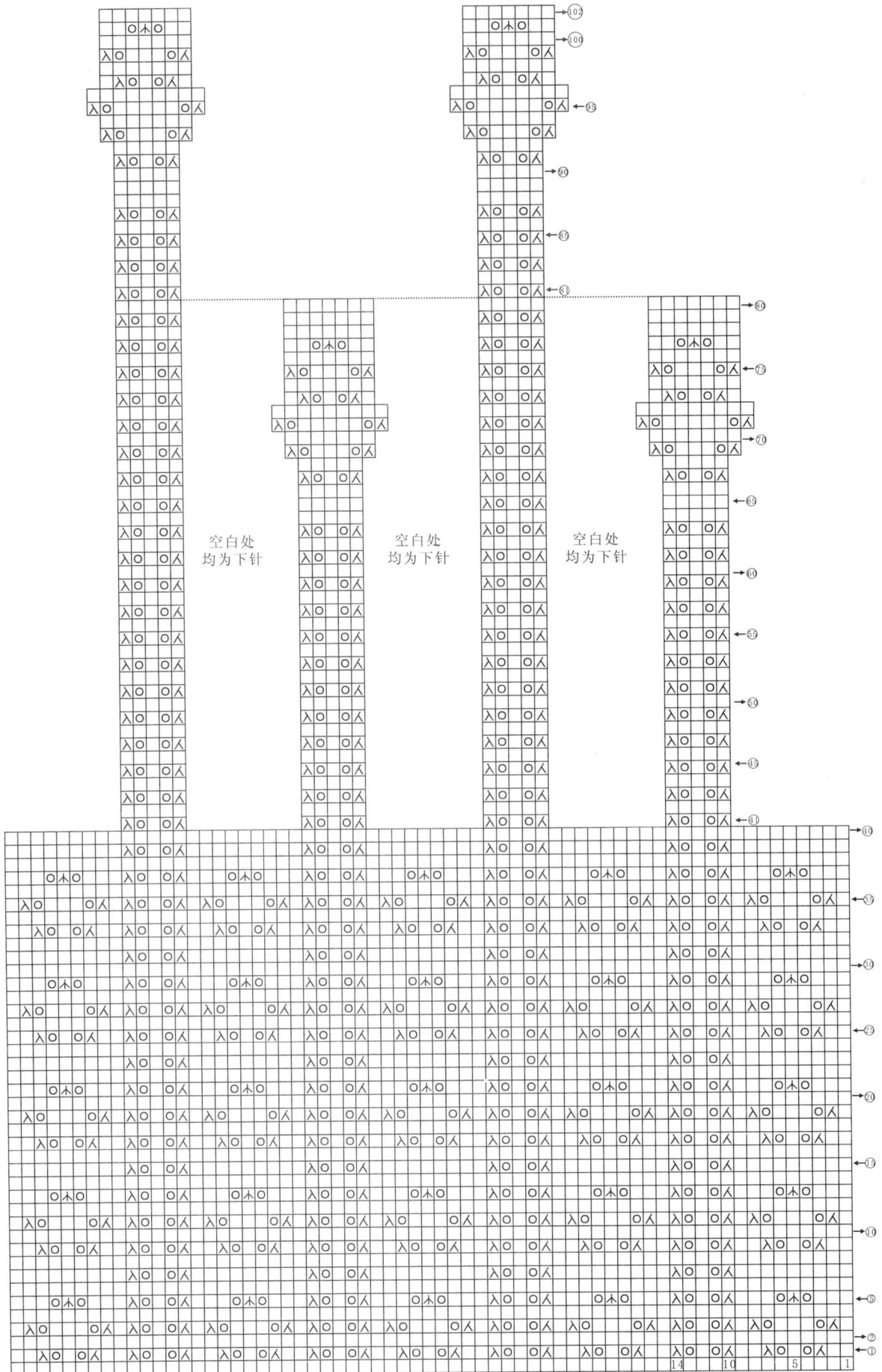

空白处
均为下针

空白处
均为下针

空白处
均为下针

婉约撞色边毛衫

【成品尺寸】衣长 58cm，胸围 82cm，腰围 78cm，下摆 86cm，肩宽 34cm，袖长 53cm
【密　　度】39 针 × 53 行 =10cm²
【工　　具】13 号、14 号棒针，1.5mm 钩针
【材　　料】紫色羊绒线 280g
【制作方法】
衣服为从下往上编织，由 1 片后片、1 片前片、2 片袖片组成。领口用钩针钩织边缘。
1. 后片：①用 14 号针，下针起针法起 171 针，搓板针编织 4 行。②换 13 号棒针，花样 A 编织，列数上织 10 组花，同时按腋下减针编织，即第二个花开始加针，加 7 针，最后 2 组花不加不减针编织；往上下针编织，并同时按腋下加针编织；此段为 40cm(包括搓板针 4 行)③开袖窿：两边平收 6 针，两侧各减 10 针，减针方法见袖窿减针，织 16.5cm。④开后领、织斜肩：两者为同时进行；减针方法均按图示编织，织斜肩时用引退针编织，此段为 1.5cm。
2. 前片：①②同后片。③开袖窿：两边平收 6 针，两侧各减 10 针，减针方法同后片，织 20 行。④开前领、织斜肩：开前领与③同时进行，按前领减针编织：正中心留 3 针，平织 52 行后开始减针编织；织至第 87 行的同时织斜肩。斜肩织法同后片。前片与后片均织完后，前后片肩部、腋下缝合。
3. 袖片 (2 片)：①用 14 号棒针，下针起针法起 87 针，搓板针编织 4 行。②换 13 号棒针，花样 A 列数上编织 5 组花，织 16cm；下针编织，织 26cm；注意同时在两侧按袖下加针编织。此段共为 42cm(包括 4 行搓板针)。③织袖山：袖山两边各平收 6 针，然后按袖山减针编织，织 11cm。相同方法织另一片。均织完后与袖下缝合，并与身片相缝合。
4. 衣领：用钩针，前领、后领各挑 102 针、90 针、102 针，即共挑 294 针。按花样 B 图解钩 5 行后断线。前领适当位置处缝合一部分。

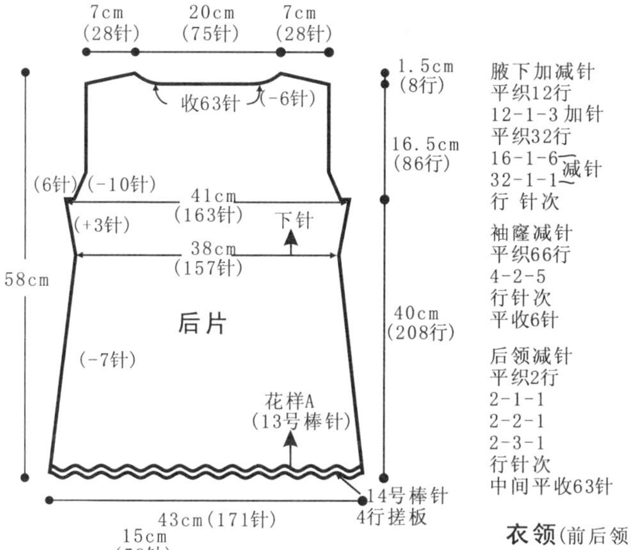

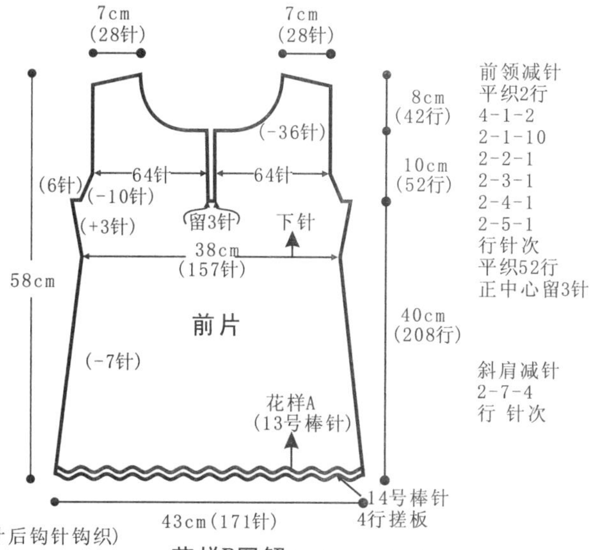

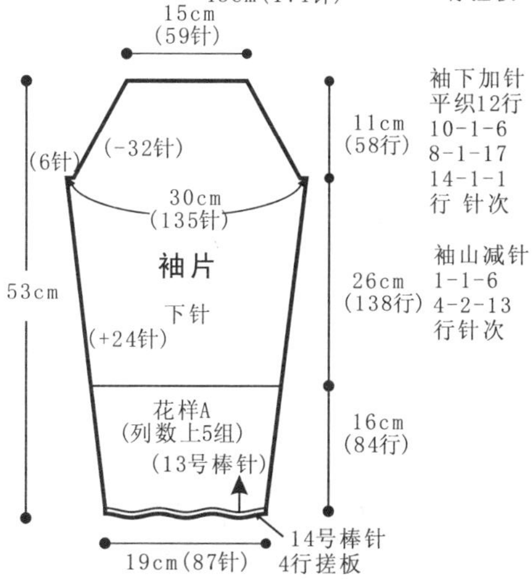

后片 / 前片 / 袖片图解

衣领（前后领挑针后钩针钩织）

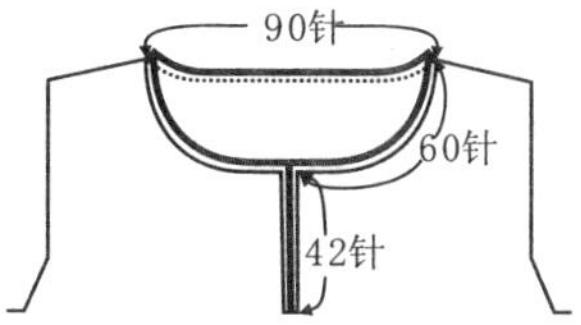

花样B图解（灰色块为1组花）

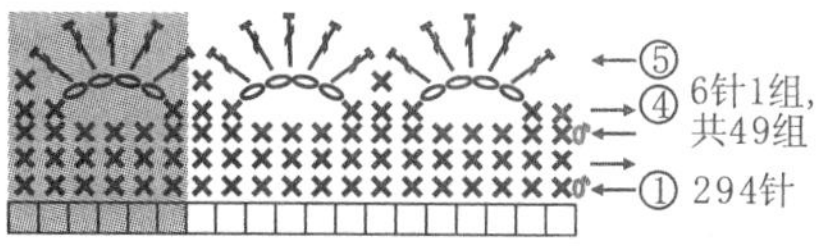

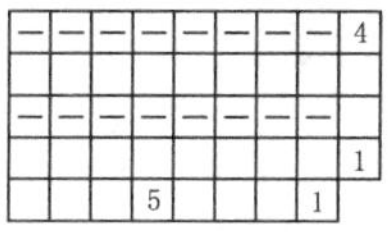

花样A图解(灰色块1组花=14针×16行)

前、后片171针排花：1针缝合针+12组花(168针)+1针(1组花中第1针)+1针缝合针
袖片87针排花：1针缝合针+6组花(84针)+1针(1组花中第1针)+1针缝合针

针法符号说明
□=上针　□=①下针
回=镂空针　木=中上3针并1针
○=锁针　●=引拔针
×=短针　Ⅰ=长针

搓板针

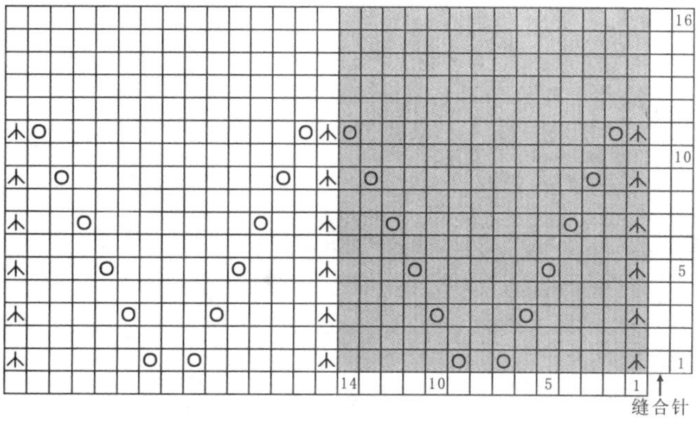

配色高领套头衫

【成品尺寸】衣长73cm，胸围90cm，腰围80cm，肩宽33cm，袖长54cm
【密　　度】12号棒针：32针×48行=10cm²；14号棒针：46针×54行=10cm²
【工　　具】12号、14号棒针
【材　　料】手编羊绒线绣红色线280g，配线意毛150g，卡其色极品羊绒线(织领)50g，弹力丝若干
【制作方法】
衣服为从下往上编织，由1片后片、1片前片、2片袖片编织而成。
1. 后片：①用14号棒针，加弹力丝，双罗纹起针法起170针，织10cm。②换12号棒针，下针编织，并同时按腋下减针编织，织43cm。③开袖窿：两边平收8针，两侧各减8针，减针方法见后袖窿减针，织18.5cm。④开后领、织斜肩：两者为同时进行，共为8行；减针均按减针方法编织，此段为1.5cm。
2. 前片：①②同后片。③开袖窿：两边平收8针，两侧各减10针，减针方法见前袖窿减针，织6.5cm。
④开前领、织斜肩：前领按前领减针编织，织56行后同时织斜肩，斜肩减针同后片。前后片均织完后，前片与后片肩部、腋下缝合。
3. 袖片(2片)：①用14号棒针，加弹力丝，双罗纹起针法，起74针，织7cm。②换12号棒针，下针编织，均匀加6针，加针方法见图均匀加6针，往上两侧逐渐加针，加针方法见袖下加针，织34cm。③织袖山：袖山两边各平收8针，然后按袖山减针编织，织12cm。相同方法织另一片。袖片均织完后，与身片相缝合。
4. 衣领：①双罗纹：用12号棒针，前领、后领各挑112针、64针，双罗纹编织10行(1行上针、9行双罗纹)。
②花样A：在双罗纹领内侧用14号棒针，如图前领处一边挑一边编织，织56行后挑后领连成圈，继续织5组花后收针。

7.5cm (24针)　18cm (66针)　7.5cm (24针)

收56针　(-5针)

1.5cm (6行)

腋下减针
平织60行
8-1-5
10-1-3
12-1-2
14-1-1
40-1-1
行 针次

18.5cm (88行)

(8针)(-8针)　(8针)

后片

73cm

42cm (146针)

后袖窿减针
平织72行
4-2-4
行 针次

43cm (208行)

后领减针
平织2行
2-1-1
2-2-2
行 针次
平收7针

斜肩减针
2-8-3
行 针次

(-12针)

下针 (12号棒针)

10cm (54行)

双罗纹(14号棒针)

37cm(170针)

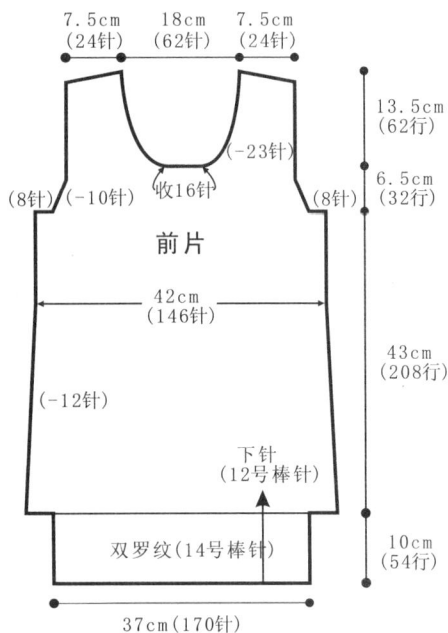

7.5cm (24针)　18cm (62针)　7.5cm (24针)

收16针　(-23针)

13.5cm (62行)

前袖窿减针
平织75行
4-2-5
行针次
平收7针

6.5cm (32行)

前领减针
平织26行
4-1-1
2-1-8
2-2-1
2-3-1
2-4-1
2-5-1
行针次
平收16针

(8针)(-10针)　(8针)

前片

42cm (146针)

43cm (208行)

(-12针)

下针 (12号棒针)

10cm (54行)

双罗纹(14号棒针)

37cm(170针)

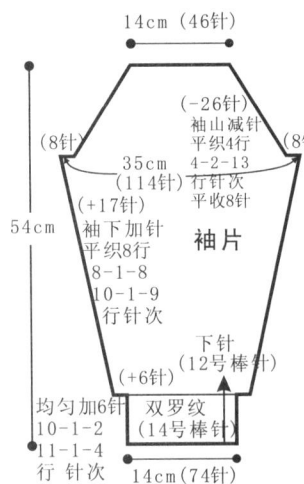

14cm (46针)

(-26针)
袖山减针
平织4行
4-2-13
行针次
平织8行

(8针)　(8针)

12cm (56行)

35cm (114针)
(+17针)

袖下加针
平织8行
8-1-8
10-1-9
行针次

袖片

下针 (12号棒针)

54cm

34cm (162行)

(+6针)

均匀加6针
10-1-2
11-1-4
行 针次

双罗纹(14号棒针)

7cm (38行)

14cm(74针)

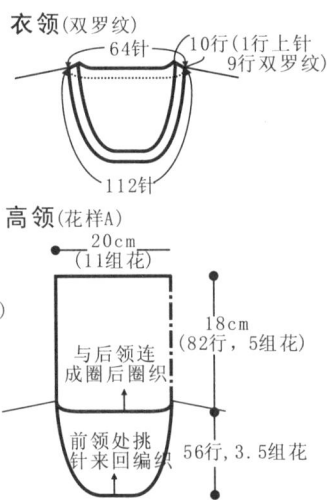

衣领(双罗纹)

64针　10行(1行上针 9行双罗纹)

112针

高领(花样A)

20cm (11组花)

与后领连成圈后圈织

18cm (82行，5组花)

前领处挑针来回编织

56行，3.5组花

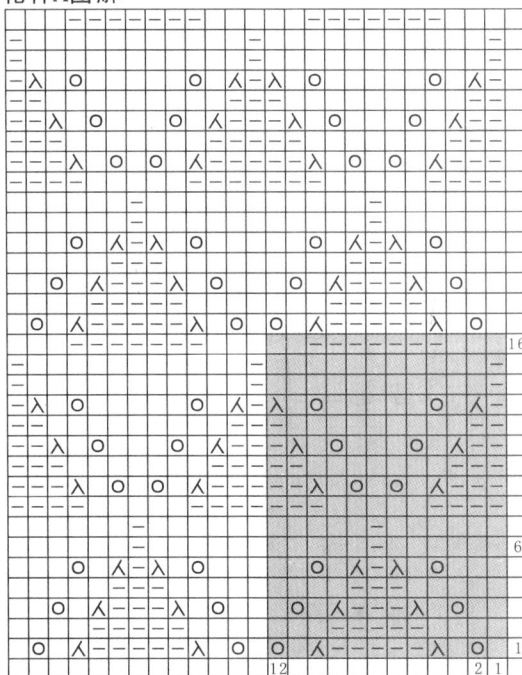

花样A图解

16
12
6
2　1

双罗纹

2
1
4 3 2 1

针法符号说明
□=上针　□=[1]下针
◎ 镂空针　入 右上2针并1针
人 左上2针并1针
↑ 编织方向

性感纯净七分袖开衫

【成品尺寸】衣长 51cm，胸围 90cm，肩宽 35cm，袖长 37cm
【密　　度】34 针 ×42 行 =10cm^2
【工　　具】12 号棒针
【材　　料】杏色 350g，7 枚纽扣
【制作方法】
衣服为从下往上编织，由 1 片后片、2 片前片、2 片袖片编织而成。
1. 后片：①下针起针法起 170 针，花样 A 织 1cm。②下针编织，织 31cm。③开袖窿：两边平收 5 针，两侧各减 9 针，织 16.5cm。④开后领、织斜肩：两者为同时进行，共为 6 行，按后领减针、斜肩减针编织。
2. 前片 (2 片)：以左前片为例。①下针起针法起 74 针，花样 A 织 1cm。②排花编织，排花及针数见图，织 31cm。③开袖窿：两边平收 7 针，两侧各减 9 针，织 9cm。④开前领、织斜肩：按前领减针编织，织第 37 行的同时织斜肩，斜肩编织方法同后片。对称织出右前片。前后片均织完后，肩部、腋下缝合。
3. 袖片 (2 片)：①下针起针法，起 95 针，花样 A 编织，织 1cm。②排花编织，针数分配及花样如图，同时两侧各加 8 针，按袖下加针编织，织 25cm。③织袖山：袖山两边各平收 6 针，两侧各减 36 针，按袖山减针编织，织 11cm。相同方法织另一片。袖片均织完后，袖片袖下缝合，并与身片相缝合。
4. 衣领：参照衣领图，在前领、后领各挑 44 针、72 针、44 针，花样 A 编织 6 行。
5. 门襟：参照门襟图，分左右门襟，分别各挑 126 针后，花样 A 编织 6 行。
6. 收尾：在右门襟钉上 7 枚纽扣，钉纽扣处可参照门襟图。

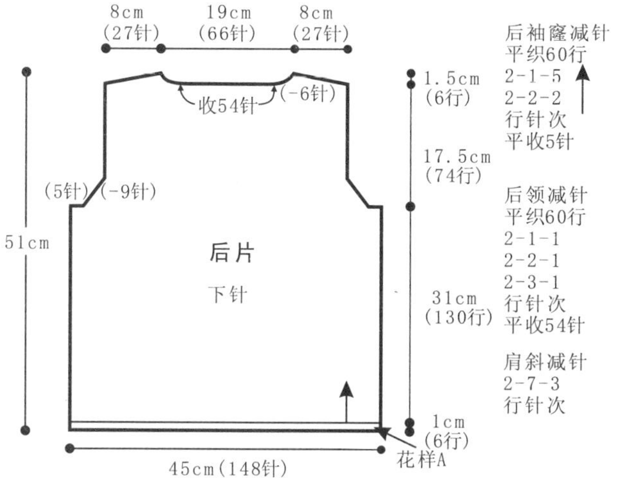

后片图

8cm(27针)　19cm(66针)　8cm(27针)
收54针　(-6针)
1.5cm(6行)
17.5cm(74行)
(5针)(-9针)
51cm
后片 下针
31cm(130行)
1cm(6行)
花样A
45cm(148针)

后袖窿减针
平织60行
2-1-5
2-2-2
行针次
平织5针

后领减针
平织60行
2-1-1
2-2-1
2-3-1
行针次
平收54针

肩斜减针
2-7-3
行针次

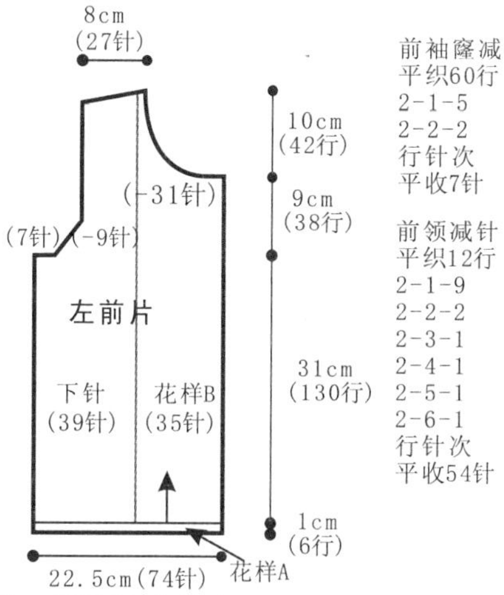

左前片图

8cm(27针)
(-31针)
10cm(42行)
(7针)(-9针)
9cm(38行)
左前片
下针(39针)　花样B(35针)
31cm(130行)
1cm(6行)
花样A
22.5cm(74针)

前袖窿减针
平织60行
2-1-5
2-2-2
行针次
平收7针

前领减针
平织12行
2-1-9
2-2-2
2-3-1
2-4-1
2-5-1
2-6-1
行针次
平收54针

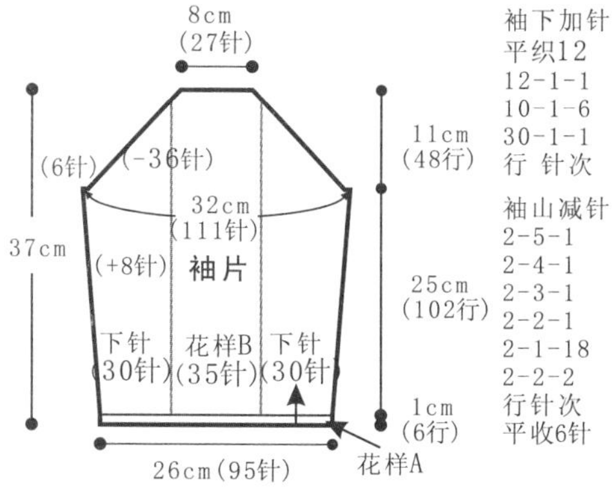

袖片图

8cm(27针)
(6针)(-36针)
11cm(48行)
32cm(111针)
37cm
(+8针) 袖片
25cm(102行)
下针(30针)　花样B(35针)　下针(30针)
1cm(6行)
花样A
26cm(95针)

袖下加针
平织12
12-1-1
10-1-6
30-1-1
行针次

袖山减针
2-5-1
2-4-1
2-3-1
2-1-18
2-2-2
行针次
平收6针

衣领、门襟图（花样A）

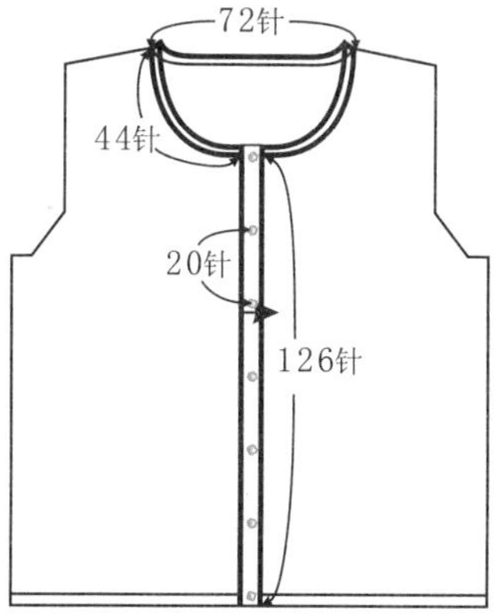

72针
44针
20针
126针

花样A图解

针法符号说明
－ 上针　　□=1 下针　　O 镂空针
入 左上2针并1针　　入 右上2针并1针
木 左上3针并1针　　木 右上3针并1针

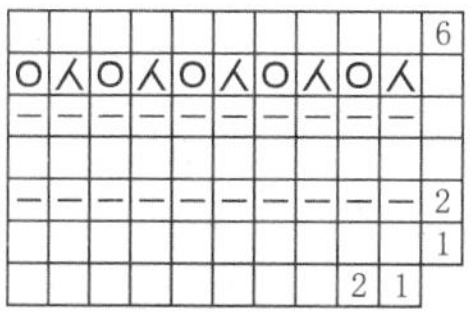

花样B图解（图解为左前片图解，右前片图解与此对称）

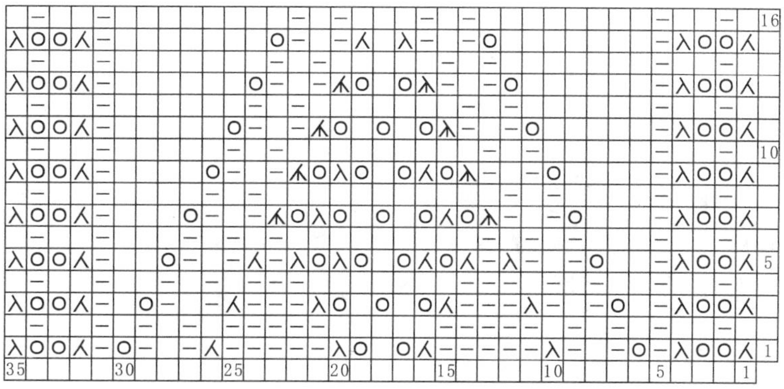

简约黑色短袖衫

【成品规格】衣长 57cm，胸围 88cm
【编织密度】34 针 × 40 行 = 10cm²
【工　　具】12 号、13 号棒针，2 号钩针
【材　　料】羔羊绒线 250g
【编织要点】
从领口往下织。
1. 用 12 号棒针起 160 针织分散加针花样 90 行后，分出前、后片和袖；前、后片各分 6 个花样计 120 针，袖各 4 个花样计 80 针，此时开始以插肩袖的形式在各片的分界线处加针，每 2 行各加 1 针加 12 次；各部分分开织；
2. 袖：织 18 行平针换 13 号棒针织双罗纹 20 行平收；
3. 前后片：后片单独织 16 行补前后差，然后腋下加 12 针和前片圈织，织平针，并在两侧加减针织出腰线，织 28cm 换 13 号棒针织双罗纹 26 行平收；
4. 领：沿领口钩一行狗牙，完成。

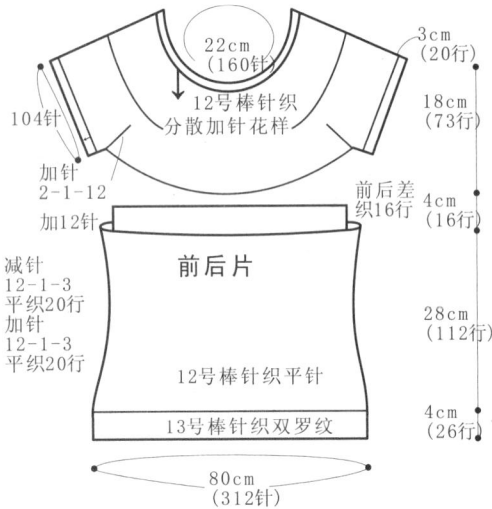

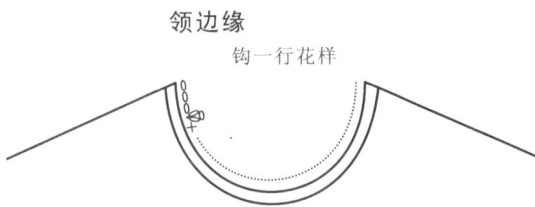

22cm
(160针)

12号棒针织
分散加针花样

3cm
(20行)

18cm
(73行)

104针

加针
2-1-12

加12针

前后差
织16行

4cm
(16行)

前后片

减针
12-1-3
平织20行
加针
12-1-3
平织20行

12号棒针织平针

13号棒针织双罗纹

28cm
(112行)

4cm
(26行)

80cm
(312针)

领边缘

钩一行花样

领边缘

针法符号说明

○ = 加针
入 = 左上2针并1针
⋋ = 右上2针并1针
⋀ = 中上3针并1针
+ = 短针
∘ = 辫子
♥ = 狗牙

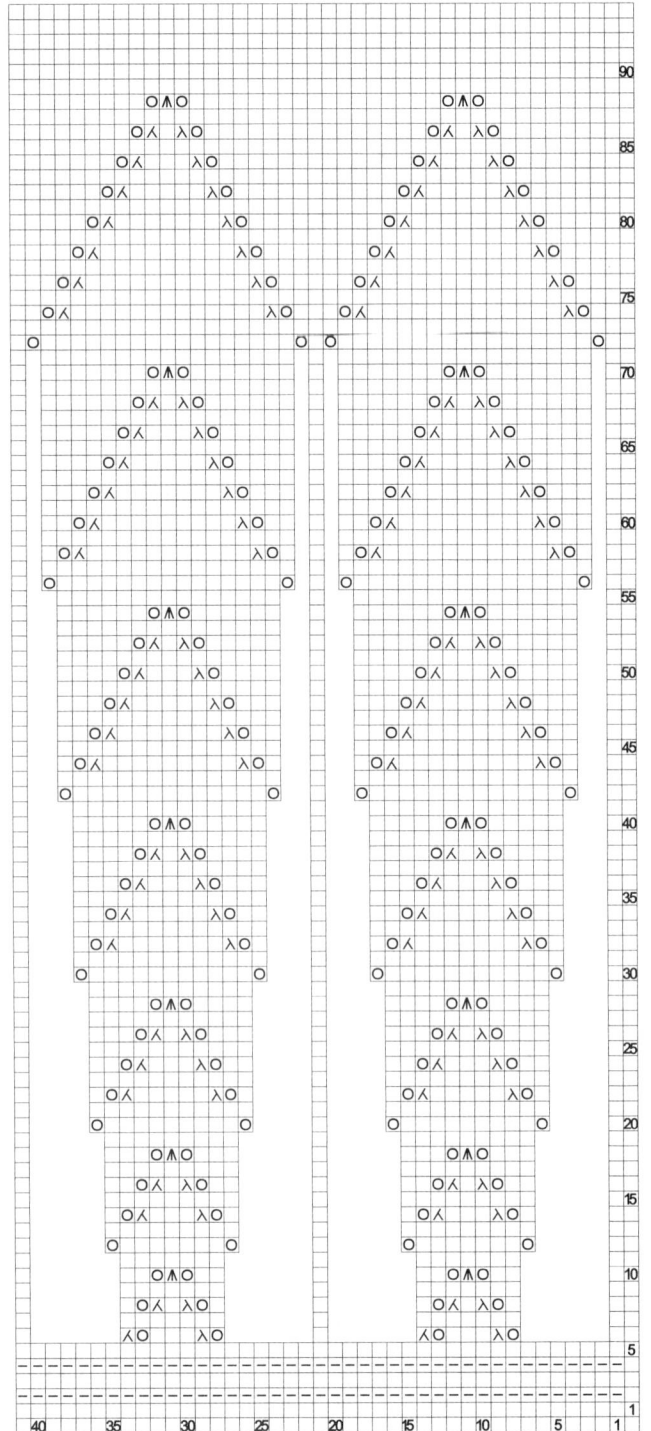

□ = □

142

娇俏短款针织衫

【成品尺寸】衣长51cm，胸围80cm，肩宽34cm，袖长17cm
【密　　度】11号棒针：33针×41行=10cm²；12号棒针：35针×33行=10cm²
【工　　具】11号、12号棒针
【材　　料】芦荟棉米白色300g
【制作方法】
衣服从下往上编织，由1片后片、1片前片、2片袖片编织而成。
1. 后片：①用12号棒针，双罗纹起针法起132针，织6cm。②换11号棒针，排花编织，排花见图也可见花样A图解，织28cm。③开袖窿：两边平收5针，两侧各减8针，减针方法见后袖窿减针，织15cm。④开后领、织斜肩：两者为同时进行，共为8行；减针均按减针方法编织，此段为2cm。
2. 前片：①②同后片。③开袖窿：两边平收5针，两侧各减8针，织7cm。④开前领、织斜肩：前领中心收22针，两边各减19针，按前领减针编织；斜肩在前领最后8行处进行，编织方法同后片。前、后片均织完后，肩部、腋下无缝缝合。
3. 袖片(2片)：①用12号棒针，双罗纹起针法，起90针，织3cm。②换11号棒针，排花编织，排花见图也可见花样A图解，织3cm。③织袖山：袖山两边各平收5针，然后按袖山减针编织，织11cm。相同方法织另一片。袖片均织完后，与身片相缝合。
4. 衣领：用12号棒针双罗纹编织，前领、后领各挑92针、68针。即共挑160针，织10行后收针。

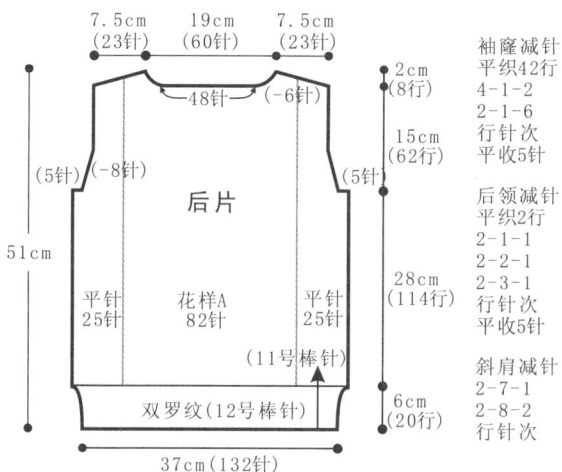

花样A图解(灰色块1组花=26针×32行)
前片132针排花：1针缝合下针+24针上针+3组花+4针麻花针+24针上针+1针缝合下针
袖片90针排花：1针缝合下针+28针上针+1组花+4针麻花针+28针上针+1针缝合下针

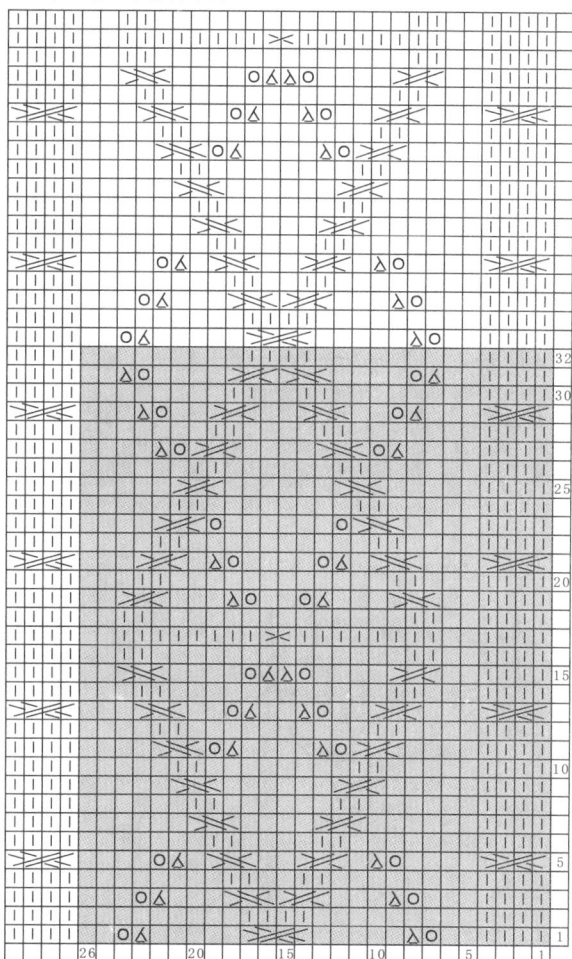

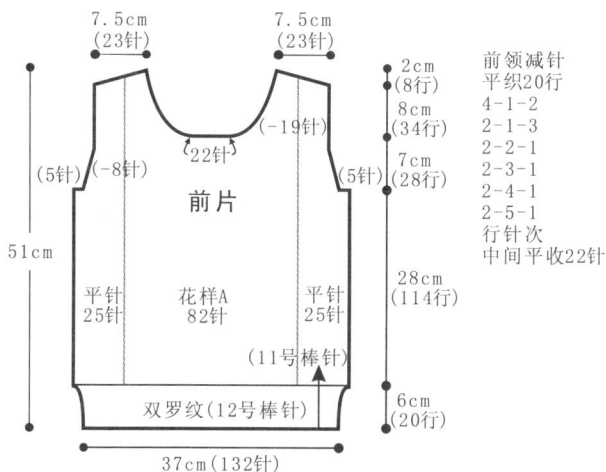

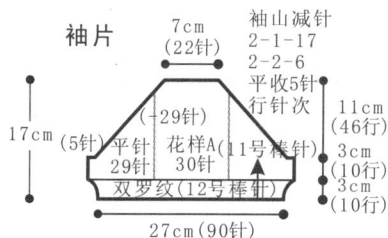

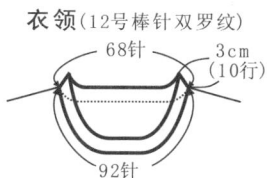

后片

7.5cm(23针) 19cm(60针) 7.5cm(23针)
48针 (-6针)
2cm(8行)
15cm(62行)
(5针)(-8针) (5针)
28cm(114行)
51cm
平针25针 花样A 82针 平针25针
(11号棒针)
双罗纹(12号棒针)
6cm(20行)
37cm(132针)

袖窿减针 平织42行 4-1-2 2-1-6 行针次 平收5针
后领减针 平织2行 2-1-1 2-2-1 2-3-1 行针次 平收5针
斜肩减针 2-7-1 2-8-2 行针次

前片

7.5cm(23针) 7.5cm(23针)
22针 (-19针)
2cm(8行)
8cm(34行)
7cm(28行)
(5针)(-8针) (5针)
28cm(114行)
51cm
平针25针 花样A 82针 平针25针
(11号棒针)
双罗纹(12号棒针)
6cm(20行)
37cm(132针)

前领减针 平织20行 4-1-2 2-1-3 2-2-1 2-3-1 2-4-1 2-5-1 行针次 中间平收22针

袖片

7cm(22针)
(-29针)
17cm (5针)平针29针 花样A 30针 (11号棒针)
双罗纹(12号棒针)
27cm(90针)
袖山减针 2-1-17 2-2-6 平收5针 行针次
11cm(46行) 3cm(10行) 3cm(10行)

衣领(12号棒针双罗纹)
68针 3cm(10行)
92针

针法符号说明
□=上针 Ⅰ 下针 O 镂空针
上针左上2针并1针 上针右上2针并1针
左上2针交叉 左上1针与右下1针交叉
左上2针与右下1针交叉
右上2针与右下1针交叉
↑ 编织方向

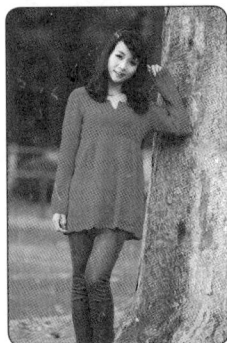

亮丽中长款毛衣

【成品规格】衣长70cm，胸围80cm，袖长54cm
【编织密度】34针×50行=10cm²
【工　　具】12号、13号棒针
【材　　料】山羊绒线450g
【编织要点】

1. 后片：用12号棒针起182针织3层花样共11cm，继续织平针33cm，开始织腰线，腰线用13号棒针织全平针10行，在织第一行时用打褶的方式收掉60针，就是每5针叠成3层并掉；腰线结束换12号棒针继续织平针，第一行均匀加10针，两侧按图示加针，织7cm后开挂肩，腋下各平收10针，两边再依次减针，织斜肩；

2. 前片：基本同后片；腰线结束后织10cm前片从中心分两片织；中间4针重叠，门襟6针全平针，织28行开始收领窝；

3. 袖：用13号棒针起68针，织6行全平针后换12号棒针织花样，均加至102针排5组花样（2针边针缝合用），织3层花样后上面全部织平针，并按图示加减针至完成；

4. 领：用13号棒针沿领窝挑180针织全平针8行平收，完成。

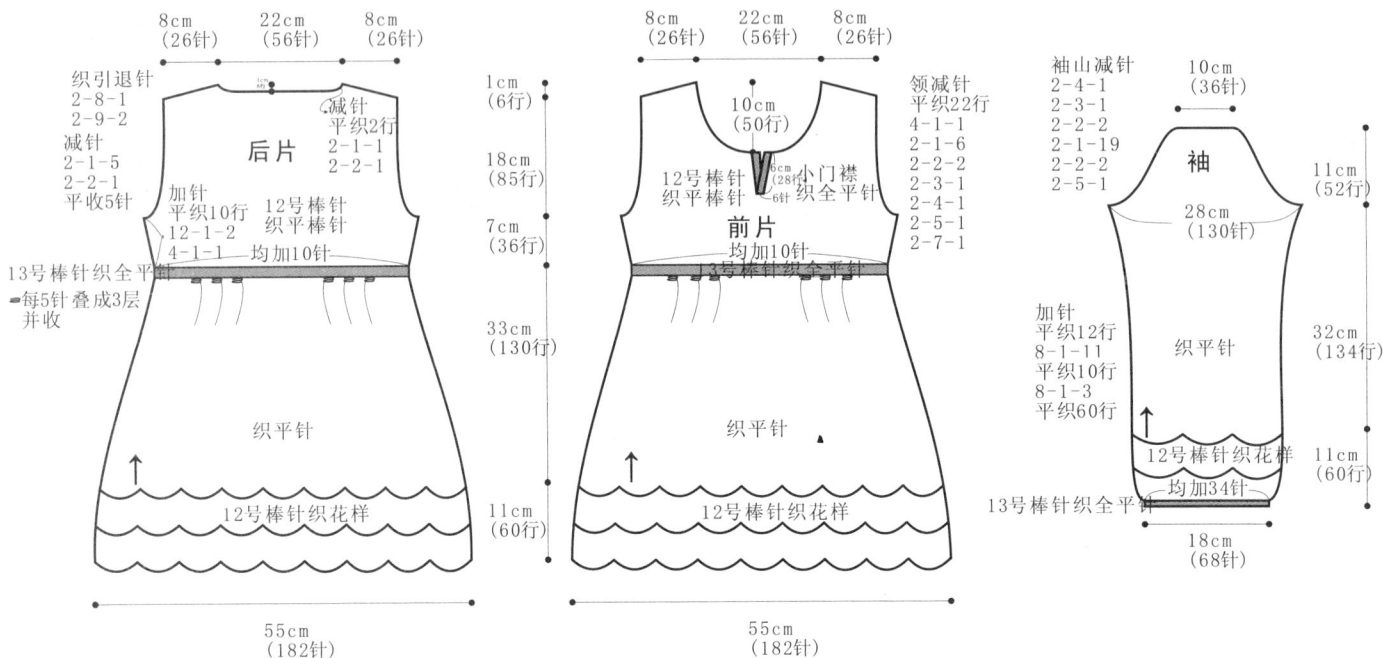

后片

8cm（26针）　22cm（56针）　8cm（26针）

织引退针
2-8-1
2-9-2
减针
2-1-5
2-2-1
平收5针

加针
平织10行
12-1-2
4-1-1 均加10针
12号棒针织平针

13号棒针织全平针
➡每5针叠成3层并收

织平针

12号棒针织花样

55cm（182针）

1cm（6行）
18cm（85行）
7cm（36行）
33cm（130行）
11cm（60行）

前片

8cm（26针）　22cm（56针）　8cm（26针）

10cm（50行）

12号棒针织平针　小门襟　6针全平针

领减针
平织22行
4-1-1
2-1-6
2-2-2
2-4-1
2-5-1
2-7-1

均加10针
13号棒针织全平针

织平针

12号棒针织花样

55cm（182针）

袖

10cm（36针）

袖山减针
2-4-1
2-3-1
2-2-2
2-1-19
2-2-2
2-5-1

28cm（130针）

织平针

加针
平织12行
8-1-11
平织10行
8-1-3
平织60行

12号棒针织花样
均加34针
13号棒针织全平针

18cm（68针）

11cm（52行）
32cm（134行）
11cm（60行）

领

13号棒针织全平针　1cm（8行）

挑180针

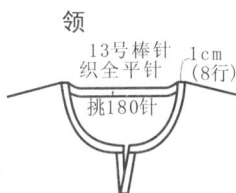

全平针
□=1

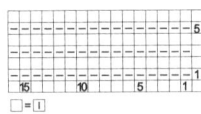

针法符号说明

O=加针
人=左上2针并1针
入=右上2针并1针

编织花样
□=□

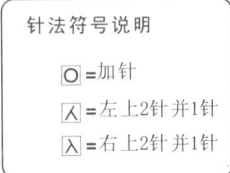
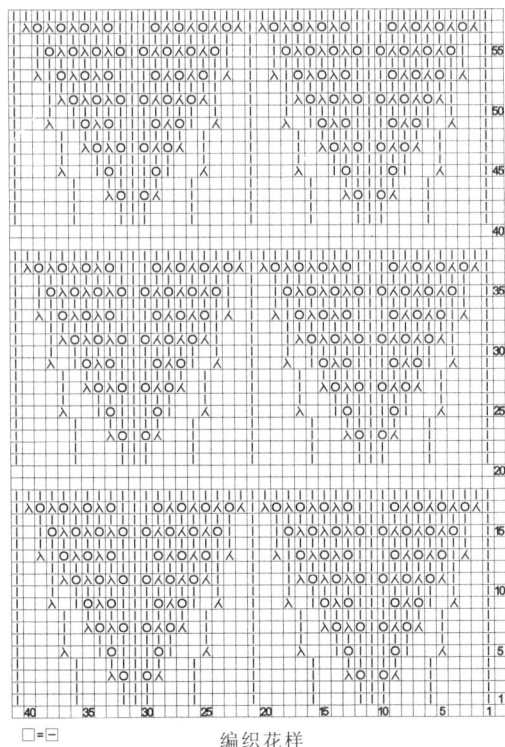

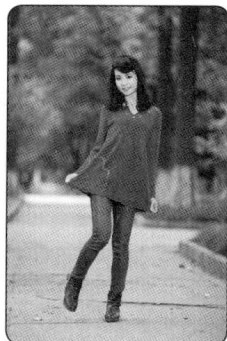

【成品尺寸】衣长71cm，胸围82cm，腰围80cm，肩宽35cm，袖长52cm
【密　　度】34针×46行=10cm²
【工　　具】12号、13号棒针
【材　　料】极品山羊绒线450g
【制作方法】
衣服是从下往上编织，腋下为圈织、开袖窿后分两边编织。其中结构图中虚线实为一条线。
1. 腰部以下：参照结构图，用13号棒针。①下针起针法起352针，花样A编织，织7.5cm。②织完后分前后片，后片165针，前片187针；同时两侧各减2针，此时后、前片针数分别为163针、185针。③往上后片两侧各减16针，前片两侧各减2针，减针方法见图后片减16针，前片减2针。织34.5cm。④参照前片打褶皱图及说明将前片进行褶皱。此时前片为133针、后片131针，前后针数共为264针。
2. 腰部搓板针：用13号棒针，搓板针（花样A1～4行即为搓板针，2行为1组）编织10行，织2cm。
3. 上身片：用12号棒针，①按前后片腋下加2针编织，织9cm。两侧各平收9针。②开袖窿：按袖窿减针编织，各减7针，此时前、后片针数均为133针。③开后领、织后片斜肩：袖窿减针织完后，按后领减针及斜肩减针编织，共为8行。④开前领、织前领斜肩：如图，分针织16行中心留1针，往上针法参照衣领虚线部分针法图编织，继续织34行，然后开领窝，按前领减针方法编织。织斜肩在织前领的第79时开始，编织方法同后片。⑤前、后袖窿织完后，肩部缝合。
4. 衣领：参照衣领图，在前领、后领各挑38针、72针、38针，搓板针编织6行。
5. 收尾：在门襟位置烫上烫贴。

结构图（虚线为同一条线，圈织）

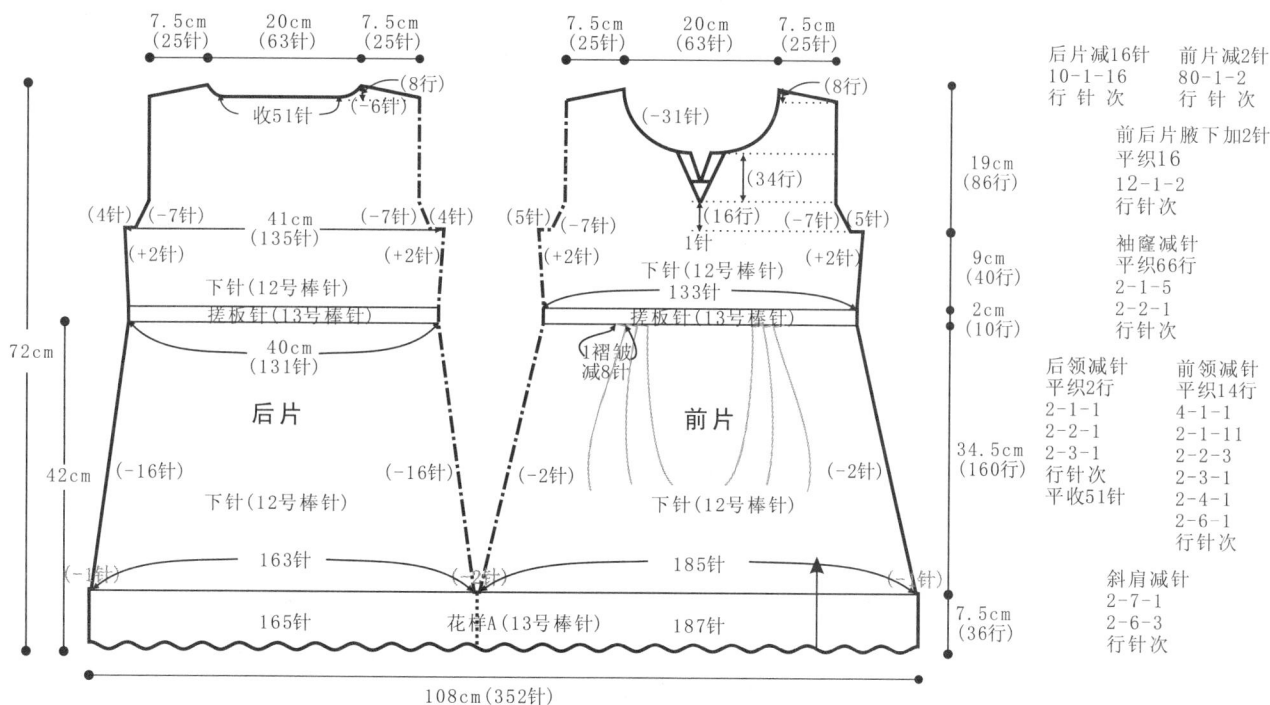

后片减16针　前片减2针
10-1-16　　80-1-2
行针次　　　行针次

前后片腋下加2针
平织16
12-1-2
行针次

袖窿减针
平织66行
2-1-5
2-2-1
行针次

后领减针　　前领减针
平织2行　　　平织14行
2-1-1　　　　4-1-1
2-2-1　　　　2-1-11
2-3-1　　　　2-2-3
行针次　　　　2-3-1
平收51　　　　2-4-1
　　　　　　　2-6-1
　　　　　　　行针次

斜肩减针
2-7-1
2-6-3
行针次

7.5cm（25针）　20cm（63针）　7.5cm（25针）

收51针　　（-6行）（8行）

（4针）（-7针）　41cm（135针）　（-7针）（4针）
（+2针）　下针（12号棒针）　（+2针）
搓板针（13号棒针）
40cm（131针）
后片
下针（12号棒针）
（-16针）　　　（-16针）
163针
165针　　花样A（13号棒针）
（-1针）　　　（-2针）

72cm
42cm

108cm（352针）

前片
（8行）
（-31针）
（34行）
（16行）
（5针）（-7针）　　1针（-7针）（5针）
（+2针）　下针（12号棒针）　（+2针）
133针
搓板针（13号棒针）
1褶皱减8针
前片
（-2针）　下针（12号棒针）　（-2针）
185针
187针
（-1针）

19cm（86行）
9cm（40行）
2cm（10针）
34.5cm（160行）
7.5cm（36针）

前片打褶皱图

打褶皱前

66针　　49针　　66针
181针
前片
（-2针）　　　　　（-2针）
185针
（-1针）
花样A　185针/187针

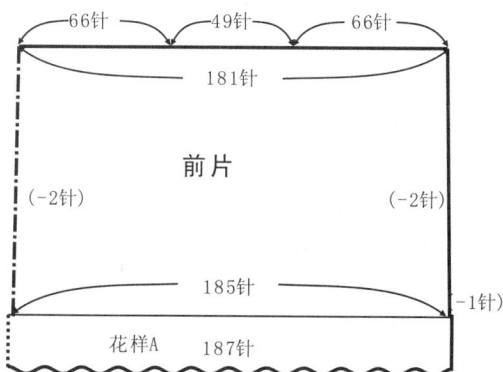

打褶皱后（1褶皱减8针，共减48针，为133针）

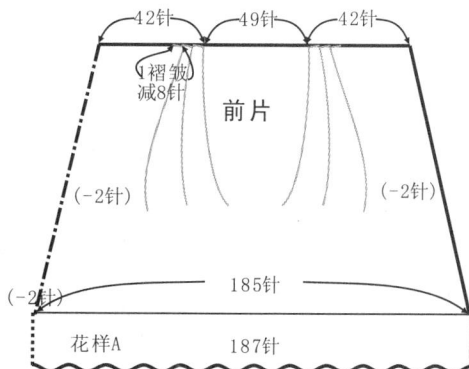

42针　　49针　　42针
1褶皱减8针
前片
（-2针）　　　　　（-2针）
185针
花样A　187针

说明：褶皱时将181针分成3份：66针、49针、66针。褶皱在两侧66针处进行，每1褶皱减8针，即共减去48针，针数由原来181针减至133针。

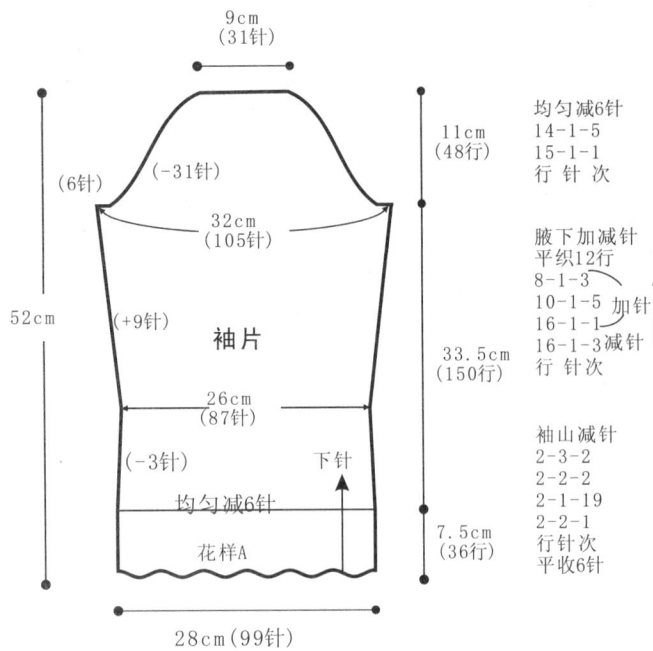

9cm
(31针)

(6针)

(-31针)

11cm
(48行)

均匀减6针
14-1-5
15-1-1
行 针 次

52cm

32cm
(105针)

(+9针)

袖片

腋下加减针
平织12行
8-1-3
10-1-5 加针
16-1-1
16-1-3 减针
行 针 次

33.5cm
(150行)

26cm
(87针)

(-3针)

下针

袖山减针
2-3-2
2-2-2
2-1-19
2-2-1
行 针 次
平收6针

均匀减6针

花样A

7.5cm
(36行)

28cm(99针)

衣领

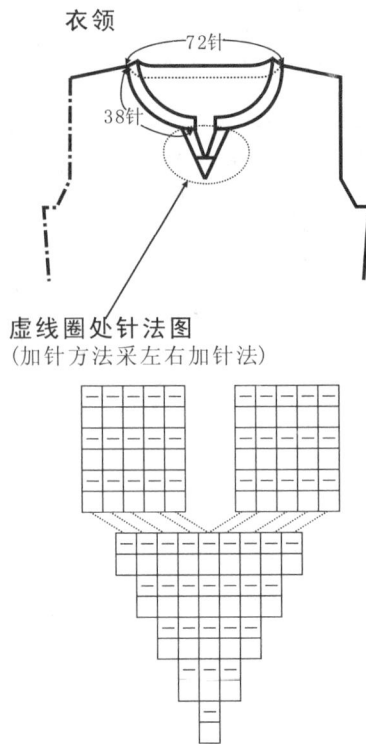

72针

38针

虚线圈处针法图
(加针方法采左右加针法)

花样A图解

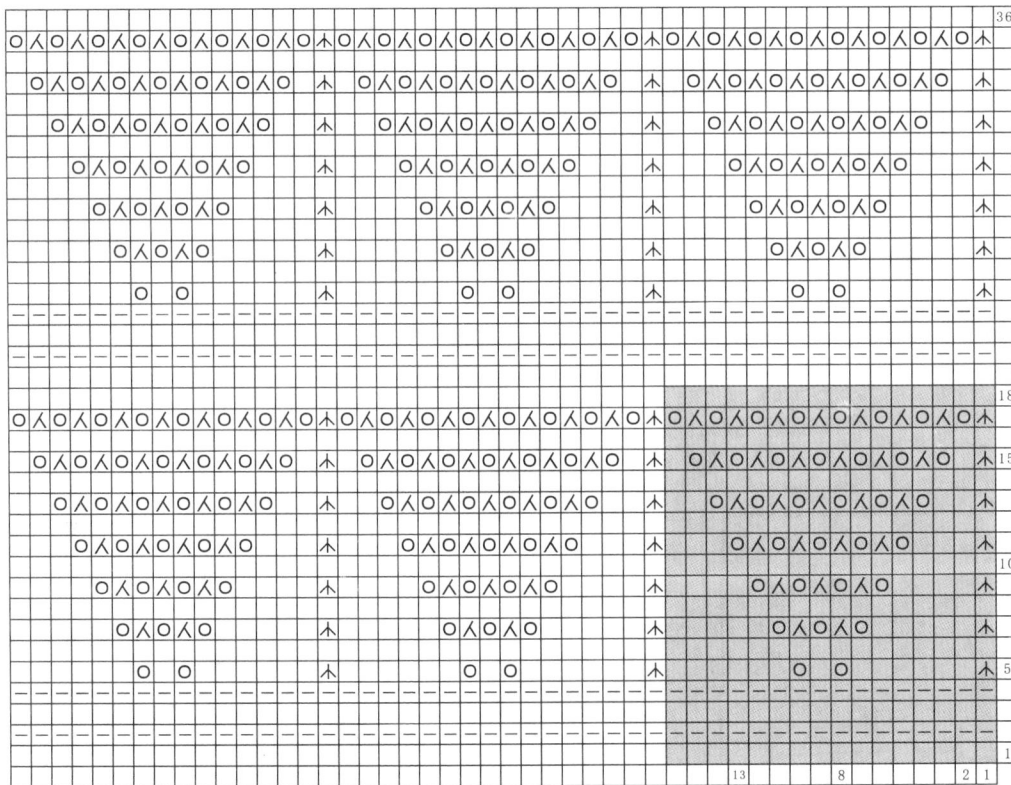

**清新钩织结合
天丝短袖衫**

【成品尺寸】衣长54cm，胸围81cm，腰围40cm，肩宽35cm，袖长16cm
【密　度】41针×46行=10cm²
【工　具】12号棒针，2.0mm钩针
【材　料】米色天丝220g
【制作方法】
衣服从下往上编织，由1片后片、1片前片、2片袖片编织而成。前片领处为钩针钩织单元花拼接而成。
1.后片：①下针起针法起159针，编织花样A，排花针数见花样A图解，织7cm。②下针编织，并同时按腋下加减针编织，织33cm。③开袖窿：两边各收6针，两侧各减9针，减针方法见后袖窿减针，织10cm。④织斜肩：引退针编织，共引退9次即18行，此段为4cm。
2.前片：①②同后片。③开袖窿：两边平收6针，两侧各减9针，减针方法同后袖窿减针；减针后针数为127针，此时针数进行分配：收中间113针，两边7针不加不减针织18cm后收针。④单元花：参照单元花C图、单元花连接图钩织单元花，由第2枚单元花起，钩最后1行时与前1枚相连接，共钩12枚并连接。连接排序可参考前片图。单元花织完后，与棒针部分相缝合，注意平整度。前片缝合后，与后片肩部、腋下缝合。
3.袖片（2片）：①下针起针法，起99针，花样B编织，排花针数见花样B图解，织3cm。②织袖山：袖山两边各平收7针，然后按袖山减针编织，织13cm。相同方法织另一片。袖片均织完后，与身片相缝合。
4.衣领：参照领口边缘图，用钩针钩2行，1行短针、1行短针狗牙。

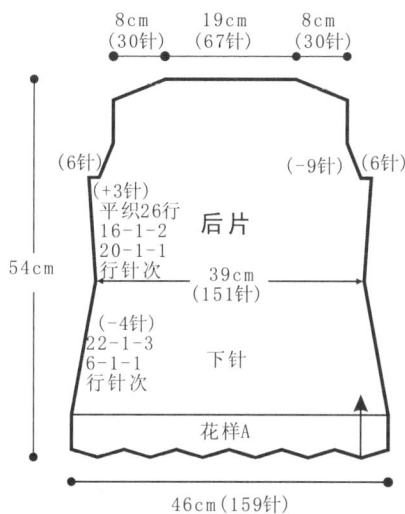

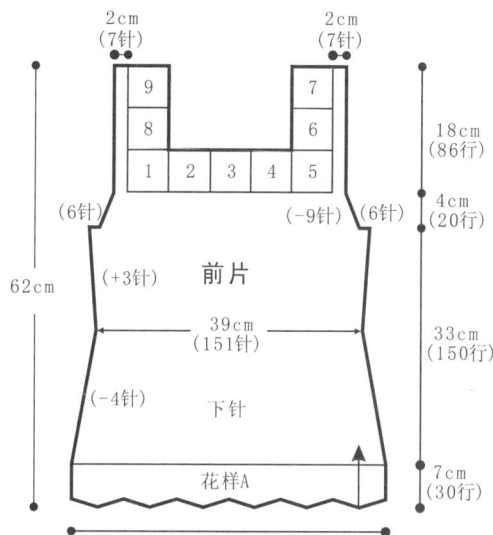

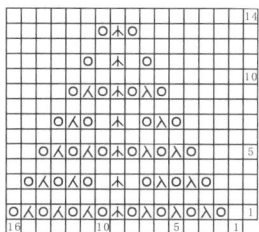

花样B图解(1组花=26针×14行)
99针排花：1针缝合+6组花(96针)+
1针上针+1针缝合

花样A图解(1组花=26针×24行)
159针排花：1针缝合+6组花(156针)+
1针上针+1针缝合

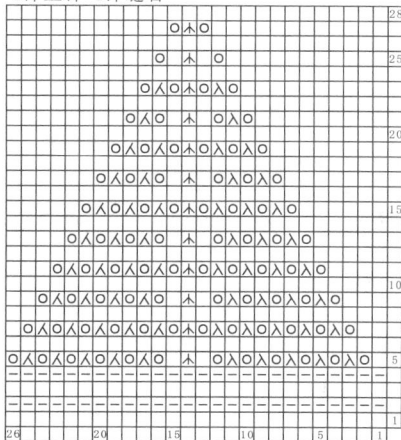

**单元花C图、单元花连接图、
领口边缘图**

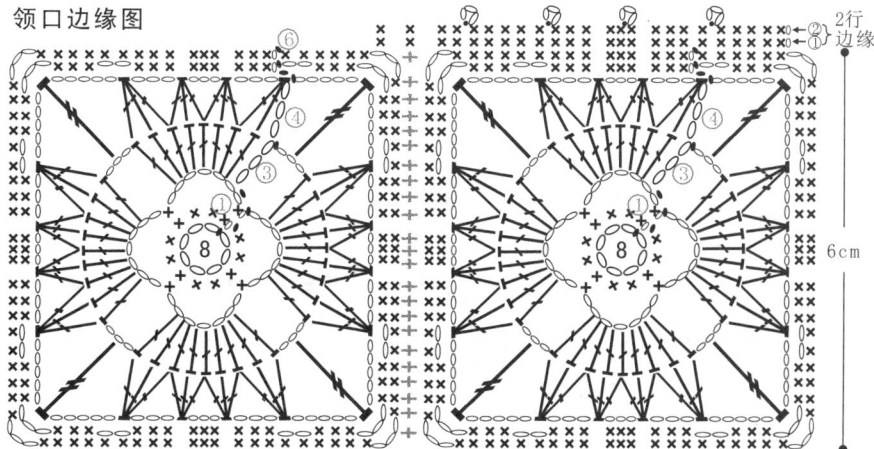

针法符号说明
□=上针　□=|=下针　↗编织方向
○镂空针　人中上3针并1针
∠左上2针并1针　∖右上2针并1针
○锁针　●引拔针　×短针　|长针

【成品尺寸】衣长68cm，胸围108cm，肩宽43cm，袖长61cm
【密　　度】12号棒针：34针×48行=10cm²；14号棒针：41针×60行=10cm²
【工　　具】12号、14号棒针
【材　　料】深紫羊绒线500g
【制作方法】
衣服为从下往上编织，由1片后片、1片前片、2片袖片编织而成。

1. 后片：①用14号棒针，双罗纹起针法起182针，织5.5cm。②换12号棒针，下针编织，织40.5cm。③开袖窿：两边平收8针，两侧各减8针，减针方法见后袖窿减针，织17.5cm。④织斜肩：按斜肩减针引退编织，即每2行减3针共11次，织5cm。⑤开后领：与④同时进行，在④引退第9次时，即后领为6行，按后领减针分两边编织。

2. 前片：①同后片。②换12号棒针，下针编织，织36.5cm；然后花样A编织18行，第18行前后8针平收。③开袖窿：两侧各减8针，减针方法见前袖窿减针，并按图示排花及针数编织，其中花样B到花样E为52行，花样F为12行，往上继续不加减织8行下针，此段为15cm。④开前领：中间平收24针，分两边编织，按前领减针编织；对称织另一边。前后片均织完后，前片与后片肩部、腋下缝合。

3. 袖片（2片）：①用14号棒针，双罗纹起针法，起82针，织5.5cm。②换12号棒针，下针编织，均匀加8针，加针方法见图均匀加8针，往上两侧逐渐加针，加针方法见袖下加针，织43.5cm。③织袖山：袖山两边各平收8针，然后按袖山减针编织，织12cm。相同方法织另一片。袖片均织完后，与身片相缝合。

4. 衣领：用14号棒针，在前领、后领各挑100针、84针，即共挑184针。织6行机器领，48行双罗纹，双罗纹针对折双面缝合形成双层领。

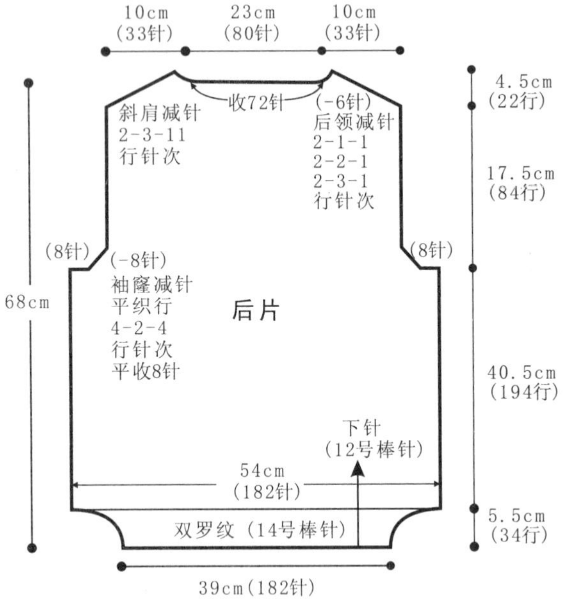

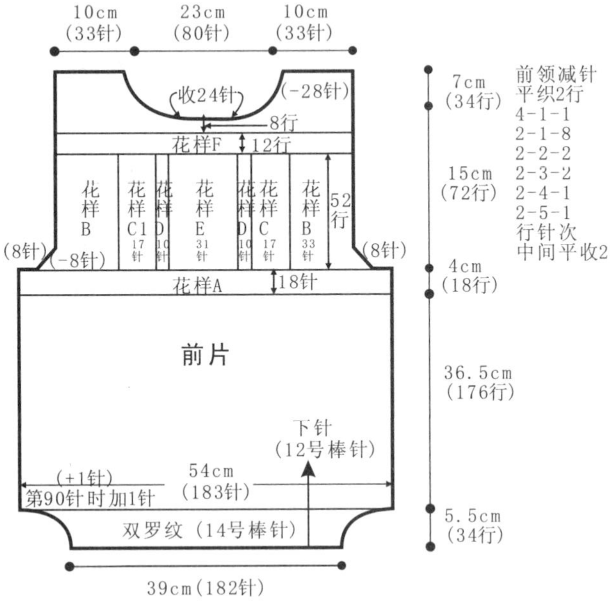

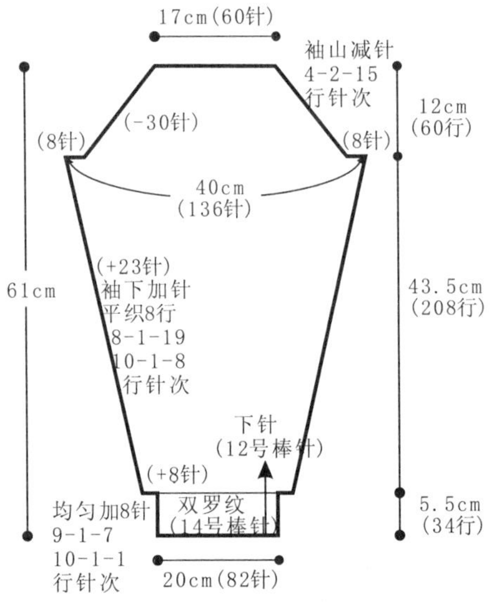

男士低圆领长袖衫

后片

| 10cm(33针) | 23cm(80针) | 10cm(33针) |

收72针　（-6针）

斜肩减针 2-3-11 行针次

后领减针 2-1-1 2-2-1 2-3-1 行针次

4.5cm（22行）

17.5cm（84行）

（8针）　（-8针）

袖隆减针 平织行 4-2-4 行针次 平收8针

（8针）

40.5cm（194行）

68cm

下针（12号棒针）

54cm（182针）

5.5cm（34行）

双罗纹（14号棒针）

39cm（182针）

前片

| 10cm(33针) | 23cm(80针) | 10cm(33针) |

收24针　（-28针）

8针

花样F　12行

花样B｜花样C1D｜花样E｜花样D C｜花样B｜
17针｜10针｜31针｜10针｜33针

52行

花样A　18针

（8针）　（-8针）　（8针）

7cm（34行）

前领减针 平织2行 4-1-1 2-1-8 2-2-2 2-3-2 2-4-1 2-5-1 行针次 中间平收24针

15cm（72行）

4cm（18行）

36.5cm（176行）

下针（12号棒针）

（+1针）第90针时加1针

54cm（183针）

5.5cm（34行）

双罗纹（14号棒针）

39cm（182针）

袖片

17cm（60针）

袖山减针 4-2-15 行针次

（8针）　（-30针）　（8针）

12cm（60行）

40cm（136针）

（+23针）袖下加针 平织8行 8-1-19 10-1-8 行针次

61cm

43.5cm（208行）

下针（12号棒针）

（+8针）

均匀加8针 9-1-7 10-1-1 行针次

双罗纹（14号棒针）

5.5cm（34行）

20cm（82针）

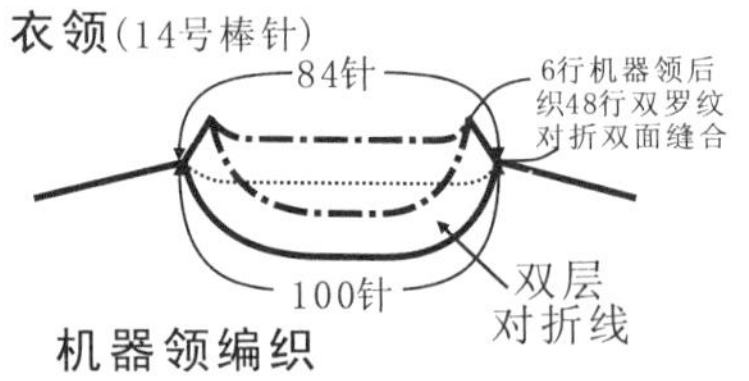

衣领（14号棒针）

84针

6行机器领后 织48行双罗纹 对折双面缝合

100针

双层 对折线

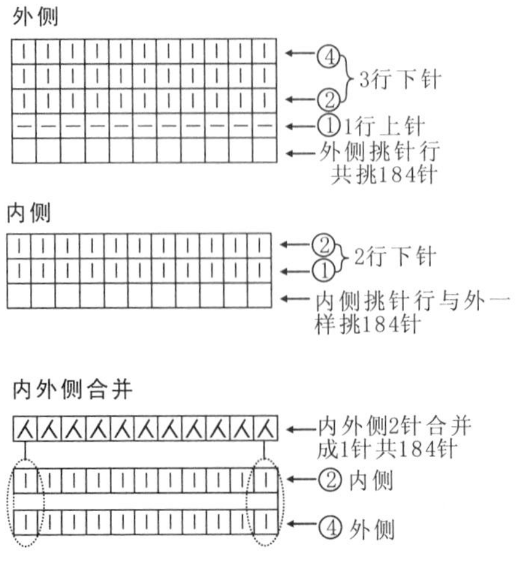

机器领编织

外侧

④ ③行下针
②
① 1行上针
外侧挑针行 共挑184针

内侧

② 2行下针
①
内侧挑针行与外一样挑184针

内外侧合并

内外侧2针合并 成1针共184针
② 内侧
④ 外侧

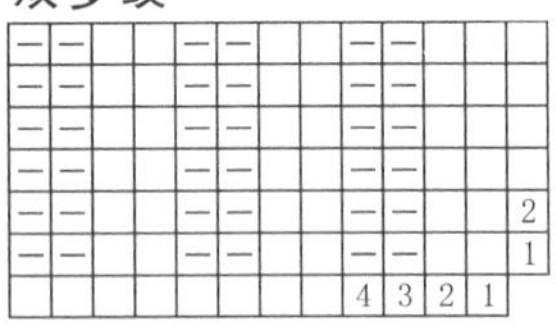

双罗纹

| | — | | | — | | | — | | | — | |

2
1
4 3 2 1

针法符号说明

— 上针	□=│ 下针
人 右上2针并1针	编织方向
左上3针交叉	

机器领编织说明： 分内外侧挑，外侧挑针后，织1行上针3行下针针数后；内侧挑与外侧同样针数后，织2行下针；两侧均织完后内外侧合并，针数即为一侧挑针数。

花样F

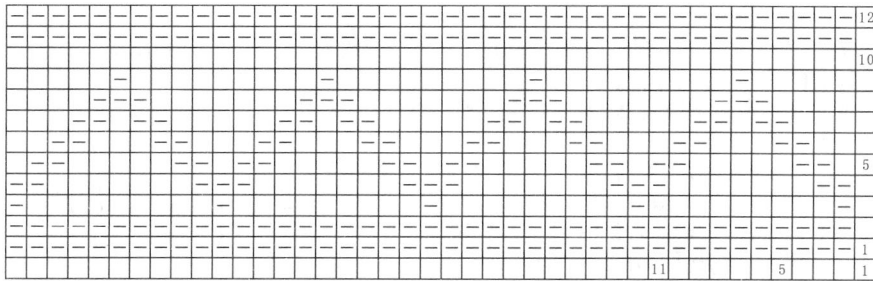

花样E
(31针)

花样D
(10针)

花样C（C1与C对称）
(17针)

花样A

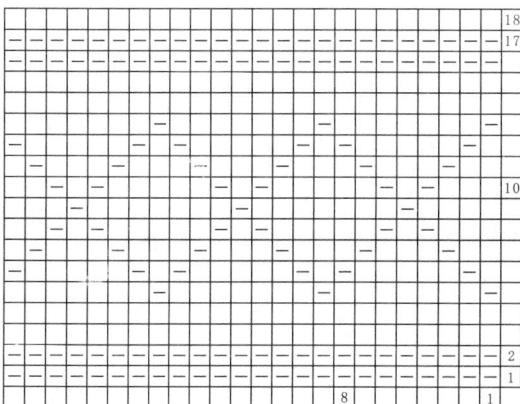

花样B及减针图

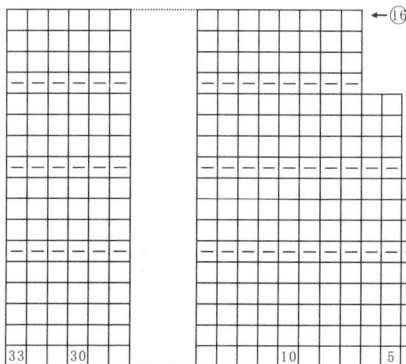

小燕子减针法

左侧

图为2行，
实为1行，
先交叉，
然后并针

旁侧留针，4针减为2针
可根据自
己需要而定

右侧

男士休闲纯色针织衫

【成品尺寸】衣长 65cm，胸围 106cm，袖长 61cm，肩宽 42cm
【密　　度】13 号棒针：36 针 ×50 行 =10cm²；15 号针：44 针 ×62 行 =10cm²
【工　　具】13 号、15 号棒针
【材　　料】鄂尔多斯羊绒线 24/2 支 400g，2 股织
【制作方法】
衣服为从下往上编织，由 1 片后片、1 片前片、2 片袖片编织而成。
1. 后片：①用 15 号棒针，双罗纹起针法起 190 针，织 7cm。②换 13 号棒针，下针编织，织 35cm。③开袖窿：两边平收 8 针，两侧各减 13 针，减针方法见后袖窿减针，织 18cm。④织斜肩、开后领：斜肩为引退针编织，共 13 次，引退方法见斜肩减针；开后领在斜肩第 10 次时，减针方法见后领减针，后领为 8 行；共为 5cm。
2. 前片：①用 15 号棒针，双罗纹起针法起 194 针，织 7cm。②换 13 号棒针，下针、花样 A（见花样 A 图解）、下针排花编织，针数分配见图，织 32cm。③开袖窿：减针同后片，织 13.5cm，为 68 行；⑤开前领：中心留 20 针后分两边编织，减针方法如图，织 9.5cm，对称织另一边。前、后片均织完后，肩部、腋下无缝缝合。
3. 袖片（2 片）：①用 15 号棒针，双罗纹起针法，起 90 针，织 6.5cm。②换 13 号棒针：下针编织，均匀加 9 针，加针方法见图均匀加 9 针，往上两侧逐渐加针，加针方法见袖下加针，织 40.5cm。③织袖山：袖山两边一边平收 8 针，一边平收 10 针，然后按袖山减针编织，织 14cm。
4. 衣领：用 15 号棒针，前领和后领各挑 124 针、72 针，机器领编织后（见机器领编织图），双罗纹编织 40 行后对折双面缝合。

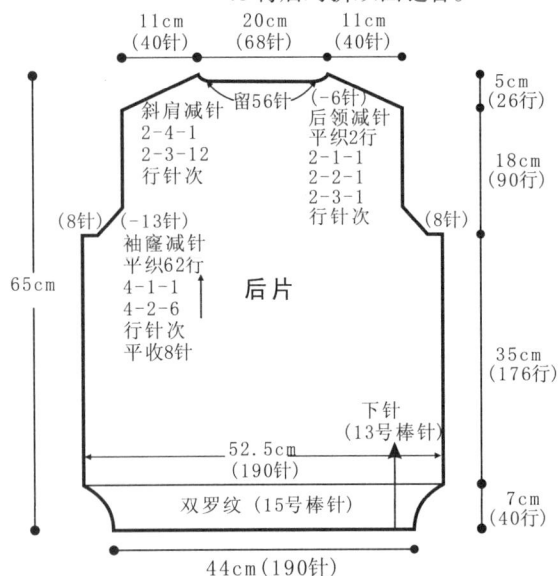

后片

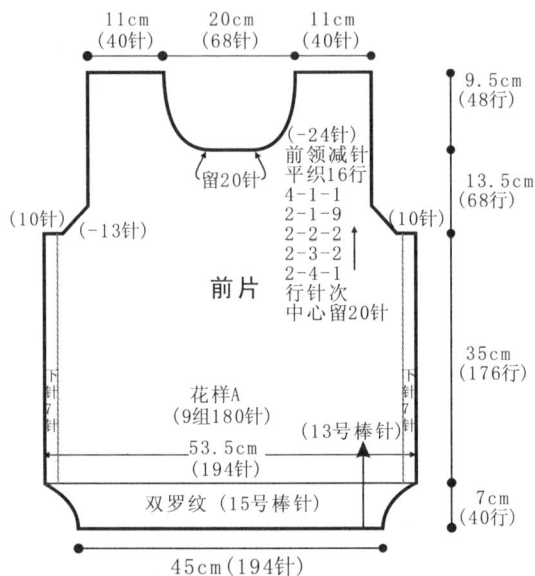

前片

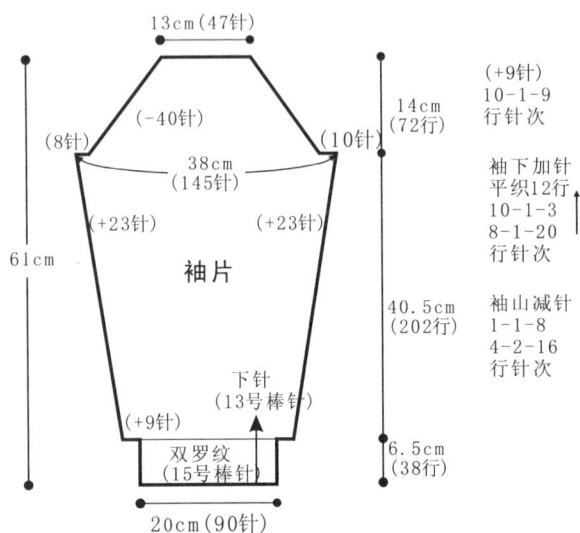

袖片

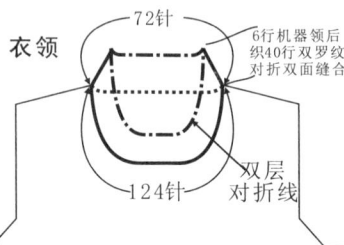

衣领

机器领编织

外侧

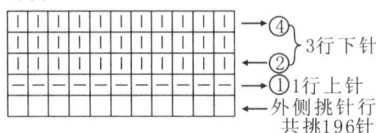

内外侧合并

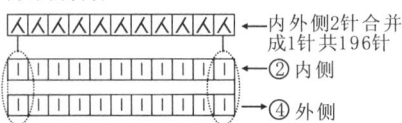

内侧

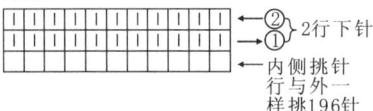

机器领编织明：
分内外侧挑，外侧挑针后，织 1 行上针 3 行下针；内侧挑与外侧同样针数后，织 2 行下针；两侧均织完后内外侧合并，针数即为一侧挑针数。

双罗纹

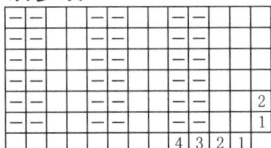

针法符号说明
□＝上针　　□＝｜＝下针
⋀＝左上2针并1针　↑＝编织方向

花样A图解(灰色块为1组花，1组花20针、30行)

前片针数分配：起针194针，开始、结束2针为缝合针，缝合针后、前均为6针下针；20针1组花，共9组，180针。

男士休闲圆领衫

【成品尺寸】衣长 65cm，胸围 102cm，袖长 58cm，肩宽 42cm
【密　　度】12 号棒针：34 针 ×50 行 =10cm²；14 号棒针：38 针 ×68 行 =10cm²
【工　　具】12 号、14 号棒针
【材　　料】28 支羊绒线 400g
【制作方法】
衣服为从下往上编织，由 1 片后片、1 片前片、2 片袖片编织而成。
1. 后片：①用 14 号棒针，双罗纹起针法起 174 针，织 6.5cm。②换 12 号棒针，下针编织，织 35.5cm。③开袖窿：两边平收 8 针，两侧各减 12 针，减针方法见袖窿减针，织 18cm。④织斜肩、开后领：斜肩为引退针编织，共 13 次，引退方法为：2-3-13；开后领在斜肩第 11 次时进行，后领为 6 行减针，方法见后领减针；此段为 5cm。
2. 前片：①同后片。②花样 A 编织，针数分配见花样 A 图解，织 35.5cm。③开袖窿：减针同后片，织 14cm。⑤开前领：中心收 12 针后分两边编织，减针方法见前领减针，织 9cm。对称织另一边。前、后片均织完后，肩部、腋下无缝缝合。
3. 袖片（2 片）：①用 14 号棒针，双罗纹起针法，起 82 针，织 5.5cm。②换 12 号棒针：下针编织，均匀加 9 针，加针方法见图均匀加 9 针，往上两侧逐渐加针，加针方法见袖下加针，织 38.5cm。③织袖山：袖山两边各平收 8 针，然后按袖山减针编织，织 14cm。
4. 衣领：用 14 号棒针，前领和后领各挑 112 针、60 针，机器领编织后，双罗纹编织 42 行后对折双面缝合。

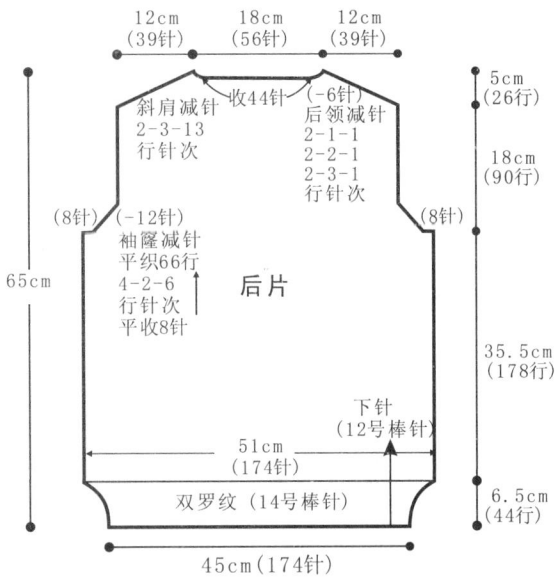

12cm
(39针)　18cm
(56针)　12cm
(39针)

斜肩减针
2-3-13
行针次

收44针

(-6针)
后领减针
2-1-1
2-2-1
2-3-1
行针次

5cm
(26行)

18cm
(90行)

(8针)　(8针)

(8针)
(-12针)
袖窿减针
平织66行
4-2-6
行针次
平收8针

后片

35.5cm
(178行)

51cm
(174针)

下针
(12号棒针)

65cm

双罗纹（14号棒针）

6.5cm
(44行)

45cm(174针)

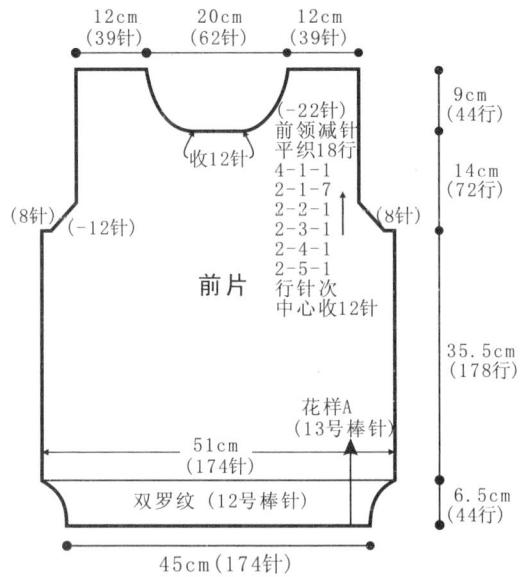

12cm
(39针)　20cm
(62针)　12cm
(39针)

(-22针)
前领减针
平织18行
4-1-1
2-1-7
2-2-1
2-3-1
2-4-1
2-5-1
行针次
中心收12针

收12针

9cm
(44行)

14cm
(72行)

(8针)
(-12针)　(8针)

前片

35.5cm
(178行)

51cm
(174针)

花样A
(13号棒针)

双罗纹（12号棒针）

6.5cm
(44行)

45cm(174针)

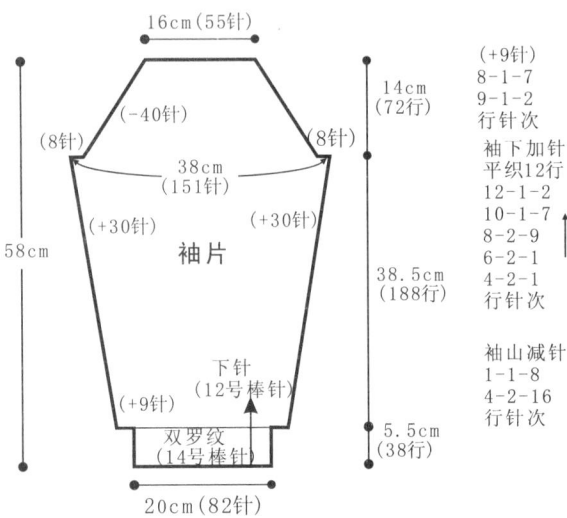

16cm(55针)

(-40针)

(8针)　(8针)

38cm
(151针)

(+30针)　(+30针)

袖片

(+9针)

下针
(12号棒针)

(+9针)

双罗纹
(14号棒针)

58cm

20cm(82针)

(+9针)
8-1-7
9-1-2
行针次

袖下加针
平织12行
12-1-2
10-1-7
8-2-9
6-2-1
4-2-1
行针次

袖山减针
1-1-8
4-2-16
行针次

14cm
(72行)

38.5cm
(188行)

5.5cm
(38行)

衣领
(14号棒针)

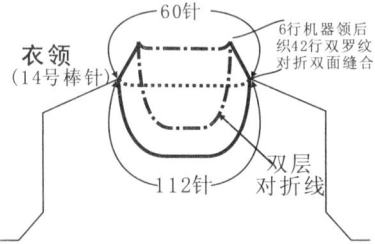

60针

6行机器领后
织42行双罗纹
对折双面缝合

112针

双层
对折线

机器领编织

外侧

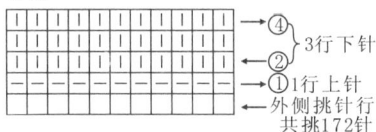

→④
→②
→①1行上针
3行下针
←外侧挑针行
共挑172针

内外侧合并

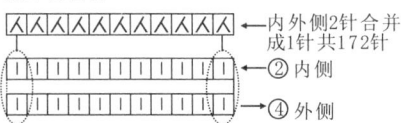

←内外侧2针合并
成1针共172针
②内侧
④外侧

内侧

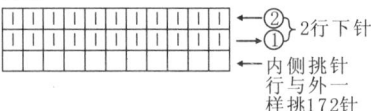

←②
2行下针
←内侧挑针
行与外一
样挑172针

机器领编织说明：分内外侧挑，外侧挑针后，织1行上针3行下针；内侧挑与外侧同样针数后，织2行下针；两侧均织完后内外侧合并，针数即为一侧挑针数。

针法符号说明

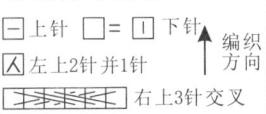

|　|＝上针　　□＝｜下针

人 左上2针并1针

右上3针交叉

↑ 编织方向

双罗纹

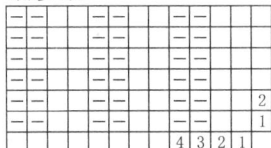

4 3 2 1

152

花样A图解(灰色块为1组花,1组花24针、36行)

前片针数分配:起针174针,开始、结束2针为缝合针,缝合针后、前为2针下针;24针1组花,共7组,168针。

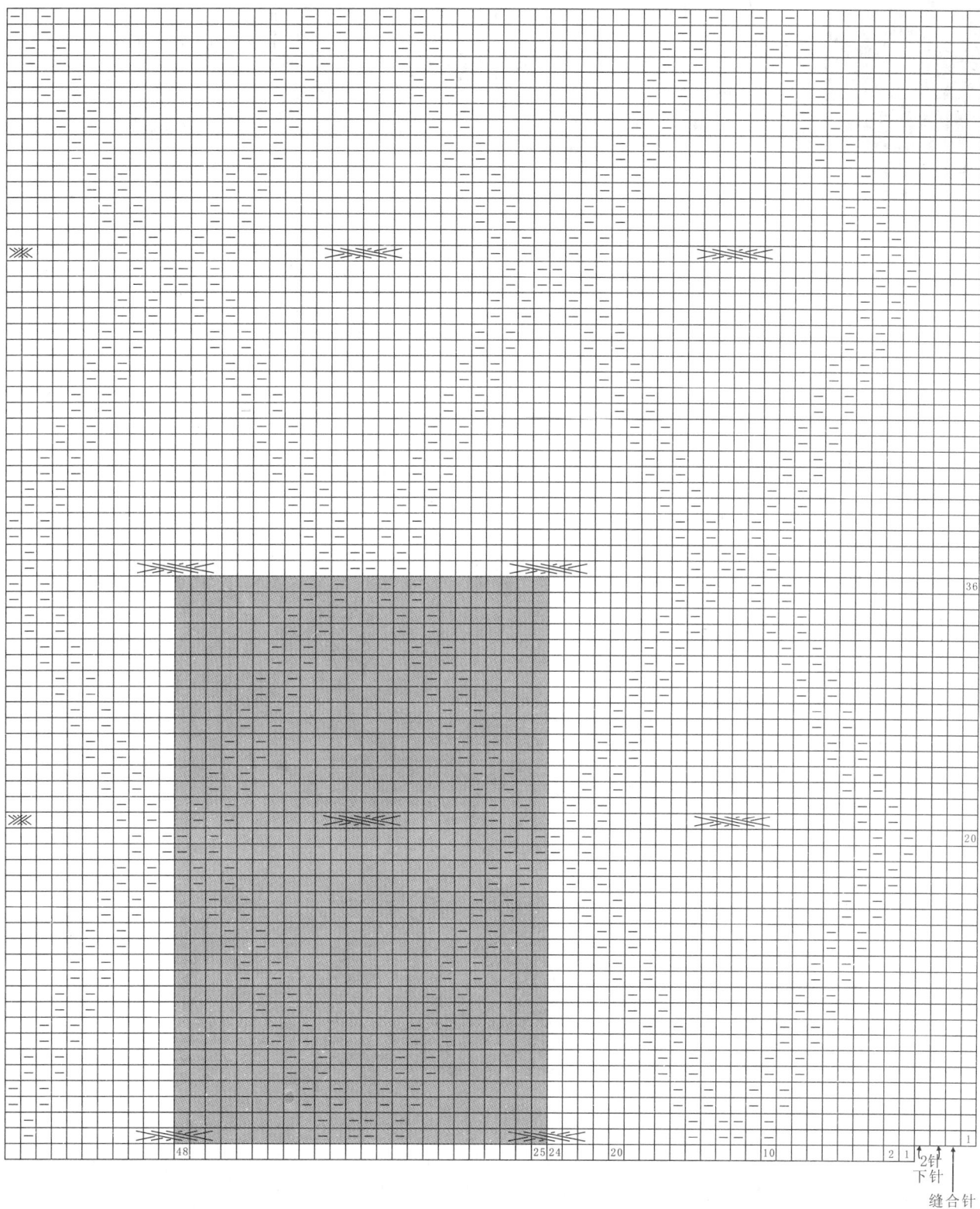

【成品尺寸】衣长63cm，胸围100cm，肩宽38cm，袖长60cm（肩处量）
【密　　度】12号棒针：34针×48行=10cm²；13号棒针：41针×64行=10cm²
【工　　具】12号、13号棒针
【材　　料】酒红色48支意毛线550g，6股编织，拉链1条
【制作方法】
衣服为从下往上编织，由1片后片、1片前片、2片袖片编织而成。
1.后片：①用13号棒针，双罗纹起针法起170针，织6cm。②换12号棒针，下针编织，织37cm。③开袖窿：两边平收8针，两侧各减12针，为小燕子减针（见图），减针针数见后袖窿减针，织16.5cm。④织斜肩：斜肩为引退针编织，共9次，引退方法见斜肩减针，此段为3.5cm。
2.前片：①②同后片。③开袖窿：两边平收8针，两侧各减14针，织28行至减针结束；④开前领、织斜肩：中心留12针后分两边编织，编织见前领减针。当前领减第5次时织斜肩，即斜肩为12行。对称织另一边。前、后片均织完后，腋下无缝缝合。
3.袖片（2片）：①用13号棒针，双罗纹起针法，起78针，织6cm。②换12号棒针，下针编织，均匀加7针，加针方法见图均匀加7针，往上两侧逐渐加针，加针方法见袖下加针，织36cm，往上不加减针织花样A。③织袖山：袖山两边各平收7针，排花编织，花样及针数见图，然后按袖山减针编织，织14cm。④花样B继续往上编织11cm，注意最后8行为一侧8针下针减针，见花样B图解。袖片织完后，袖片腋下缝合，并与身片肩部无缝缝合，袖山与身片袖窿相缝合，注意平整度。
4.衣领：用13号棒针，按挑领说明编织。
5.门襟：图示为左门襟，右门襟编织方法相同。门襟处双层挑132针，即内外各挑66针，织12行后收针缝合。两条均织完缝合后，在两层中心缝上拉链。

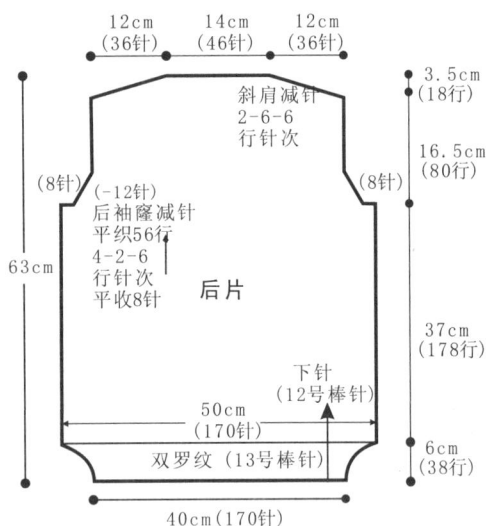

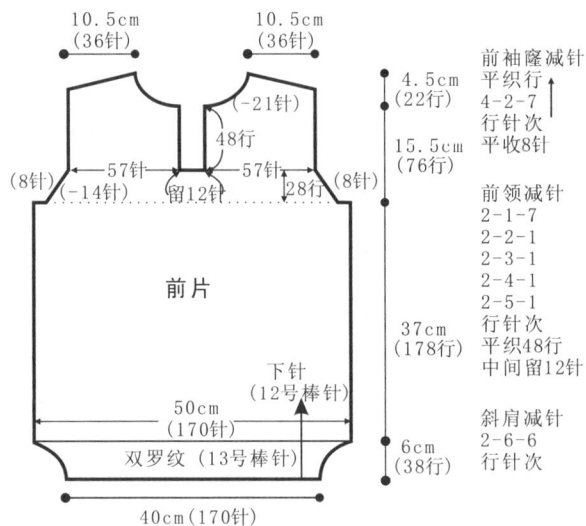

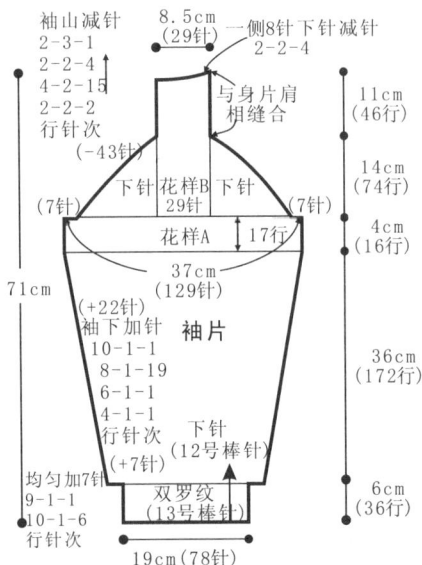

酒红色半拉链
长袖衫

后片图解

12cm（36针）　14cm（46针）　12cm（36针）

斜肩减针
2-6-6
行针次
3.5cm（18行）

16.5cm（80行）

（8针）　（-12针）　（8针）

后袖窿减针
平织56行
4-2-6
行针次
平收8针

后片

37cm（178行）

下针（12号棒针）

63cm

50cm（170针）

双罗纹（13号棒针）

6cm（38行）

40cm（170针）

前片图解

10.5cm（36针）　10.5cm（36针）

4.5cm（22行）

前袖窿减针
平织行
4-2-7
行针次
平收8针

（-21针）
48行

57针　（留12针）　57针

（8针）　（-14针）　28行　（8针）

前片

15.5cm（76行）

前领减针
2-1-7
2-2-1
2-3-1
2-4-1
2-5-1
行针次
平织48行
中间留12针

37cm（178行）

下针（12号棒针）

斜肩减针
2-6-6
行针次

50cm（170针）

双罗纹（13号棒针）

6cm（38行）

40cm（170针）

袖片图解

袖山减针
2-3-1
2-2-4
4-2-15
2-2-2
行针次
（-43针）

8.5cm（29针）　一侧8针下针减针 2-2-4

与身片肩相缝合

11cm（46行）

（7针）　下针　花样B　下针　（7针）
29针

花样A　17行

14cm（74行）

4cm（16行）

37cm（129针）

袖片

袖下加针
10-1-1
8-1-19
6-1-1
4-1-1
行针次
（+22针）

下针（12号棒针）
（+7针）

71cm

均匀加7针
9-1-1
10-1-6
行针次

双罗纹（13号棒针）

36cm（172行）

6cm（36行）

19cm（78针）

衣领（双层领）

46针

13cm（76行）

31针　31针

31针　34针

双罗纹（13号棒针）

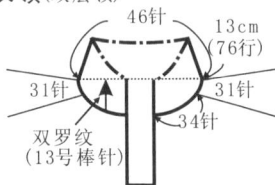

挑领说明：前领、肩、后领各挑34针、31针、46针、31针、34针，即共挑176针；织76行后对折双面无缝缝合。

机器领编织

外侧

④3行下针
②
①1行上针
外侧挑针行
共挑176针

内侧

②2行下针
内侧挑针
行与外一
样挑176针

内外侧合并

内外侧2针合并
成1针共176针
②内侧
④外侧

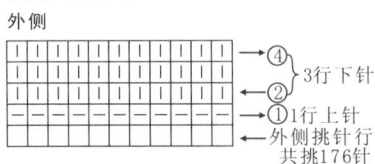

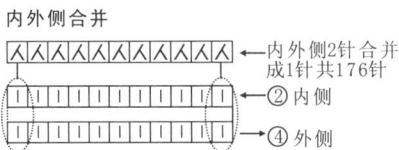

机器领编织说明：分内外侧挑，外侧挑针后，织1行上针3行下针；内侧挑与外侧同样针数后，织2行下针；两侧均织完后内外侧合并，针数即为一侧挑针数。

左门襟（右门襟同）

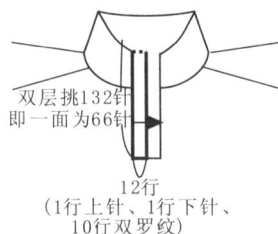

双层挑132针
即一面为66针

12行
（1行上针、1行下针、10行双罗纹）

花样B图解(灰色块为1组花)

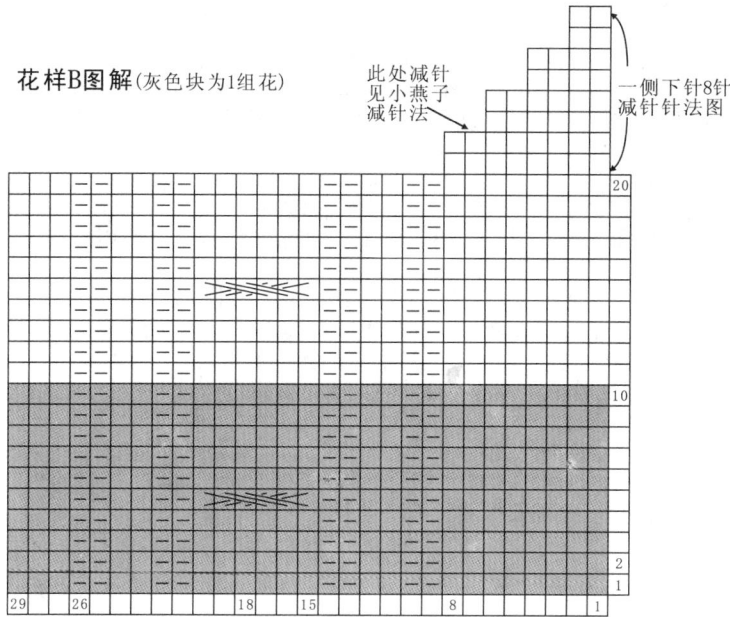

此处减针
见小燕子
减针法

一侧下针8针
减针针法图

20

10

2
1

29 26   18   15   8   1

小燕子减针法

左侧

图为2行，实为1行。
先交叉，然后并针

4 3 2 1

旁侧留针，4针减为2针
可根据自
己需要而定

右侧

1 2 3 4

花样A图解
(前16行不加减针;第17行两边平收7针;往上按袖山减针编织)

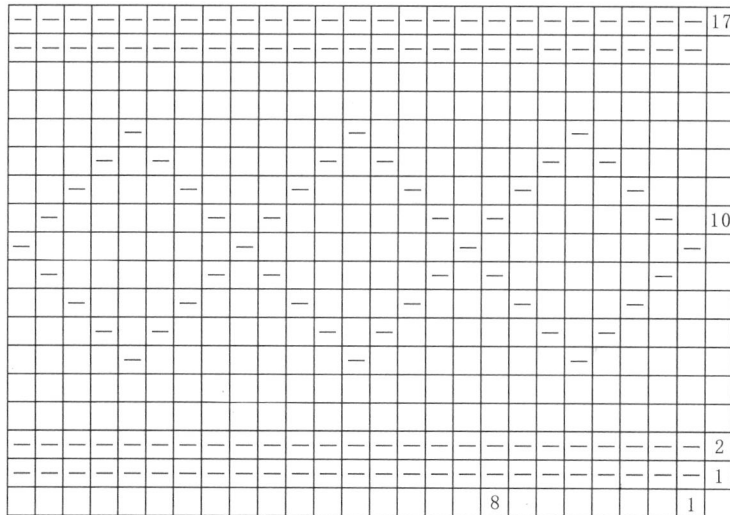

17

10

2
1

8   1

双罗纹

2
1

4 3 2 1

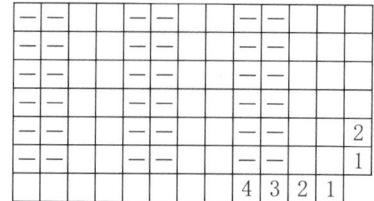

针法符号说明

─ 上针 □ = │ 下针

人 左上2针并1针   人 右上2针并1针

右上3针交叉

左上1针与右下1针交叉

右上1针与左下1针交叉

↑ 编织
方向

男士潮流立领衫

【成品尺寸】衣长 68.5cm，胸围 102cm，袖长 60cm，肩宽 40cm
【密　度】12 号棒针：30 针 ×45 行 =10cm²；14 号棒针：36 针 ×62 行 =10cm²
【工　具】12 号、14 号棒针
【材　料】米驼色极品丝绒线 400g，4 股编织；圆形纽扣 2 枚
【制作方法】
衣服为从下往上编织，由 1 片后片、1 片前片、2 片袖片编织而成。
1. 后片：①用 14 号棒针，双罗纹起针法，起 170 针，织 6.5cm。②换 12 号棒针，下针编织 33.5cm。③开后袖窿，减针方法见后袖窿减针，织 5.5cm。④织元宝针，不加不减织 19.5cm。⑤开后领，中心留 46 针，两边各减 6 针，减针方法如图，织 3.5cm 后收针。
2. 前片：①用 14 号棒针，双罗纹起针法，起 178 针，织 6.5cm。②同后片。③开前袖窿，减针方法见前袖窿减针，织第 7 行时，中心留 14 针，分两边编织，前领侧各平织 70 行，袖窿侧至减针结束以后为平织。④开前领、织斜肩：前领与斜肩为同时编织，两者按图示减针；对称织另一边。前片与后片均织完后，前、后片肩部、腋下无缝缝合。
3. 袖片(2 片)：①用 14 号棒针，双罗纹起针法，起 78 针，织 6cm。②换 12 号棒针，同时加 10 针，加针方法见图均匀加 10 针，此处 8-1-1 为每 8 针加 1 针加 1 次；往上下针、花样 A、下针编织；针数分别为 35 针、18 针、35 针，两侧各加 22 针，加针方法见袖下加针，织 40cm。③织袖山：两边平收 9 针，再按袖山减针，织 14cm。相同方法织另一片。两片袖片完成后，袖下缝合，并与身片相缝合。
4. 挑领：用 14 号棒针，按挑领说明编织。
5. 门襟：为两片，右门襟安纽扣；左门襟开扣眼。用 14 号棒针，右门襟织 5 行机器领、20 行双罗纹、6 行下针后收针 (自然卷边)；左门襟，如图织第 9 行时开扣眼，开扣眼针数如图。门襟均织完后，底边无缝缝合，注意平整度，并在右门襟相应位置安上纽扣。

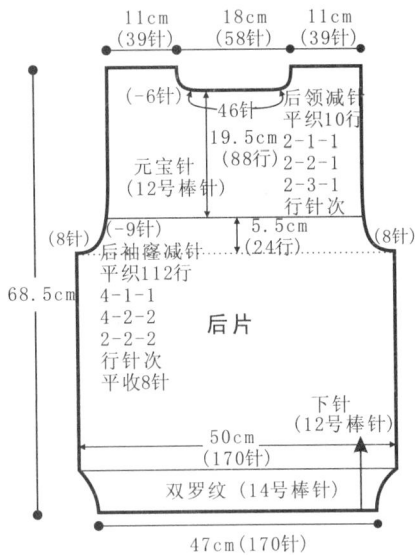

后片图：
11cm (39针)　18cm (58针)　11cm (39针)
3.5cm (16行)
(-6针)　46针　后领减针 平织10行
19.5cm (88行)　2-1-1　2-2-1　2-3-1 行针次
元宝针 (12号棒针)
5.5cm (24行)
(-9针)　(8针)
后袖窿减针 平织112行　4-1-1　4-2-2　2-2-2 行针次 平收8针
25cm (112行)
68.5cm
后片
33.5cm (150行)
(8针)
下针 (12号棒针)
6.5cm (40行)
50cm (170针)
双罗纹 (14号棒针)
47cm (170针)

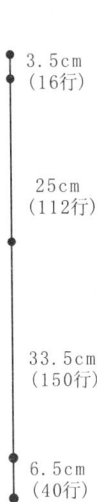

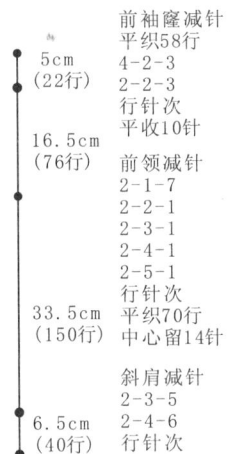

前片图：
11cm (39针)　11cm (39针)
5cm (22行)
(-21针)
(-12针)　70行　6行　14针
(10针)
前片
前袖窿减针 平织58行　4-2-3　2-2-3 行针次 平收10针
16.5cm (76行)
前领减针 2-1-7　2-2-1　2-3-1　2-4-1　2-5-1 行针次 平织70行 中心留14针
33.5cm (150行)
斜肩减针 2-3-5　2-4-6 行针次
6.5cm (40行)
52cm (178针)
下针 (12号棒针)
双罗纹 (14号棒针)
48cm(178针)

袖片图：
15cm (50针)
袖山减针 4-2-16 行针次
14cm (64行)
(9针)　(-32针)
40cm (132针)
(+22针)
袖下加针 平织12行　8-1-19　6-1-2　4-1-1 行针次
60cm
袖片
花样 A 18行
40cm (180行)
下针 (12号棒针)
(+10针)
35针
均放10针 7-1-9　8-1-1 行针次
双罗纹 (14号棒针)
对折线
6cm (36行)
20cm(78针)

衣领(双层领)
80针
12cm (70行)
32针
双罗纹 (14号棒针)

挑领说明：前领、后领各挑32针、80针、32针后，织70行后对折缝合

机器领编织
外侧
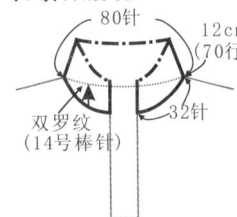
④　3行下针
②　①1行上针
外侧挑针行 共挑144针

内外侧合并
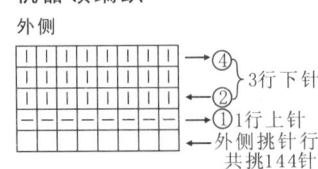
内外侧2针合并成1针共144针
②内侧
④外侧

右门襟
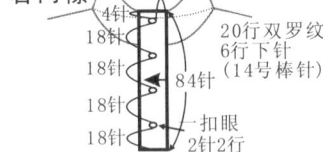
8行
4针
18针　20行双罗纹 6行下针 (14号棒针)
18针　84针
18针　扣眼 2针2行
18针

左门襟
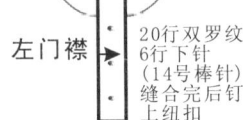
20行双罗纹 6行下针 (14号棒针) 缝合完后钉上纽扣

内侧
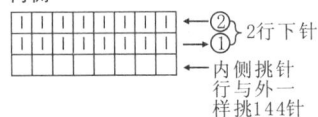
②　①2行下针
内侧挑针 行与外一样挑144针

机器领编织说明：分内外侧挑，外侧挑针后，织1行上针3行下针；内侧挑与外侧同样针数后，织2行下针；两侧均织完后内外侧合并，针数即为一侧挑针数。

花样A
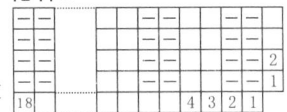
2　1
18　4 3 2 1

双罗纹

2　1
4 3 2 1

元宝针

2　1

针法符号说明
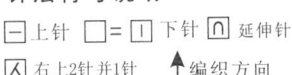
－ = 上针　□ = ① = 下针　∩ = 延伸针
人 = 右上2针并1针　↑ = 编织方向

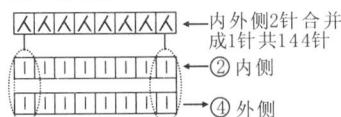

爱情海

【成品尺寸】衣长65cm，胸围112cm，袖长59.5cm，肩宽44cm

【密　　度】12号棒针：32针×46行＝10cm²；14号棒针：43针×50行＝10cm²

【工　　具】12号、14号棒针

【材　　料】深蓝色羊绒线3股470g、白色纽扣2枚、金丝线少许（刺绣用）

【制作方法】
衣服为从下往上编织，由1片后片、1片前片、2片袖片编织而成。

1. 后片：①用14号棒针，双罗纹起针法，起174针，织6.5cm。②换12号棒针，下针编织37.5cm。③开后袖窿，减针方法见后袖窿减针，织16cm。④织斜肩，引退针编织，引退方法：2-3-12、2-2-1，引退织5cm。

2. 前片：①用14号棒针，双罗纹起针法，起178针，织6.5cm。②换12号棒针，按加2针方法均匀加2针，然后下针、花样A排花编织，排花针数见图，编织37.5cm。③开前袖窿，减针方法见前袖窿减针。④开前领：织10行后，与③同时进行，中心留10针，分两边编织，以左侧为例，织32行后织斜领，减针方法为2-2-25，4-1-1，减完继续平织4行后收针；袖窿为21cm。对称织出另一片。前片与后片均织完后，前、后片肩部、腋下无缝缝合。

3. 袖片（2片）：①用14号棒针，双罗纹起针法，起78针，织6.5cm。②换12号棒针，下针编织，同时加8针，加针方法见图均匀加8针，此处8-1-2为每8针加1针加2次；往上两侧各加21针，加针方法见袖下加针，织38.5cm。③织袖山；两边平收7针，再按袖山减针，织14.5cm。相同方法织另一片。两片袖片完成后，袖下缝合，并与身片相缝合。

4. 挑领：14号棒针，行数上1行挑1针，后领上挑64，即共挑240针，织机器领，14行双罗纹后收针，注意中心处缝合时要平整。

5. 收尾：①钉2枚纽扣在前领相应位置，纽扣为缝合，也可开扣眼。②刺绣，用金丝线按照刺绣花样进行，图中行数、针数为衣服实际数量，仅供参考，可根据自己喜好而定。

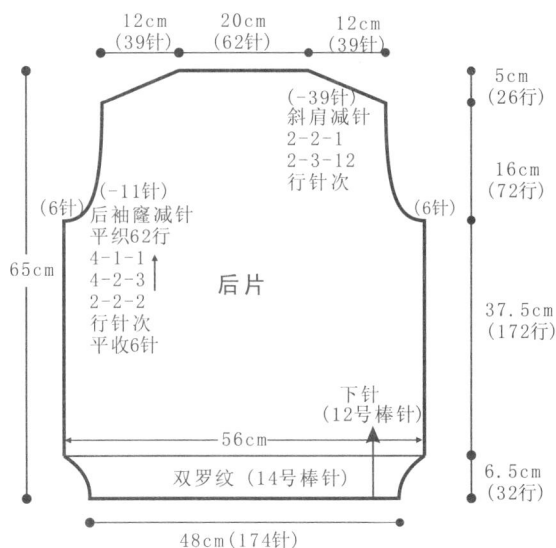

后片

12cm（39针）　20cm（62针）　12cm（39针）

5cm（26行）
（−39针）斜肩减针 2-2-1 2-3-12 行针次
（−11针）（6针）
后袖窿减针 平织62行 4-1-1 4-2-3 2-2-2 行针次 平收6针
16cm（72行）
65cm
37.5cm（172行）
下针（12号棒针）
56cm
双罗纹（14号棒针）
6.5cm（32行）
48cm（174针）

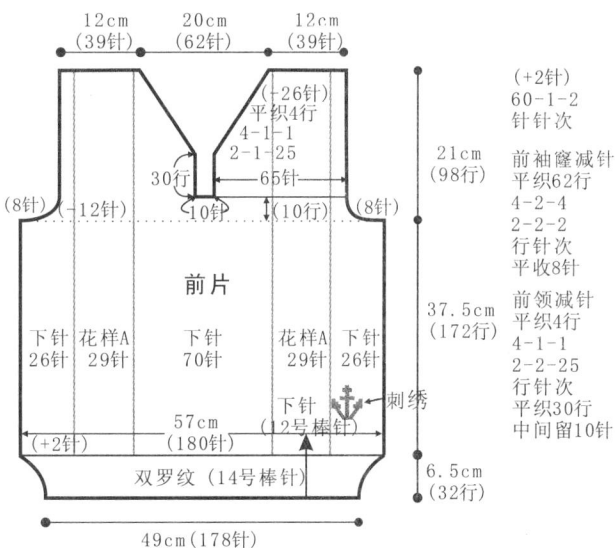

前片

12cm（39针）　20cm（62针）　12cm（39针）

（+26针）平织4行 4-1-1 2-1-25
30行 65针 10行
（8针）（−12针）10针（10行）（8针）
下针26针　花样A 29针　下针70针　花样A 29针　下针26针
下针（12号棒针）
刺绣
57cm（180针）
（+2针）
双罗纹（14号棒针）
49cm（178针）

（+2针）60-1-2 针针次
21cm（98行）
前袖窿减针 平织62行 4-2-4 2-2-2 行针次 平收8针
前领减针 平织4行 4-1-1 2-2-25 行针次 平织30行 中间留10针
37.5cm（172行）
6.5cm（32行）

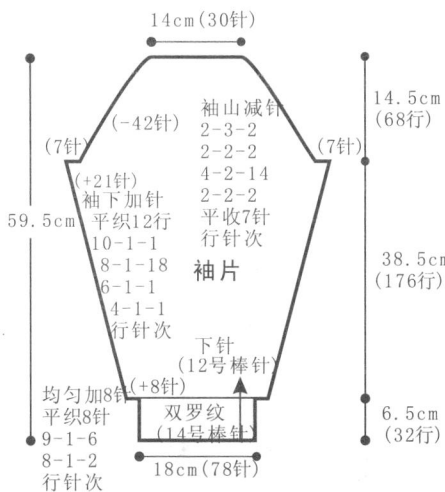

袖片

14cm（30针）

14.5cm（68行）
（−42针）袖山减针 2-3-2 2-2-2 4-2-14 2-2-2 平收7针 行针次
（7针）（7针）
（+21针）袖下加针 平织12行 10-1-1 8-1-18 6-1-1 4-1-1 行针次
59.5cm（176行）
38.5cm（176行）
下针（12号棒针）
均匀加8针 平织8针 9-1-6 8-1-2 行针次
（+8针）
双罗纹（14号棒针）
6.5cm（32行）
18cm（78针）

衣领

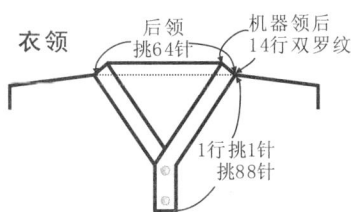

后领挑64针　机器领后14行双罗纹
1行挑1针 挑88针

花样A

机器领编织

外侧
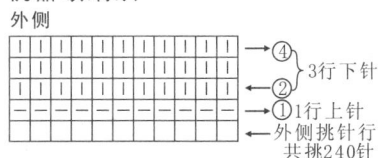
④3行下针 ②①1行上针 ←外侧挑针 共挑240针

内侧
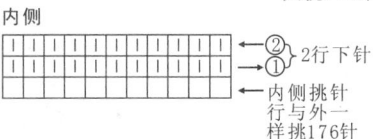
②2行下针 ① ←内侧挑针 行与外一样挑176针

内外侧合并
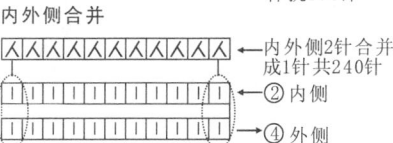
←内外侧2针合并成1针共240针 ②内侧 ④外侧

机器领编织说明：
分内外侧挑，外侧挑针后，织1行上针3行下针；内侧挑与外侧同样针数后，织2行下针；两侧均织完后内外侧合并，针数即为一侧挑针数。

刺绣花样
（所标针数行数为衣服实际所在处，仅供参考）

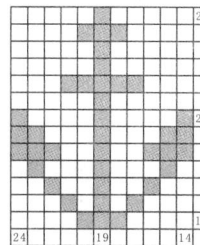

27
21
15
24　19　14

双罗纹

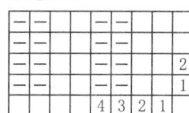

4 3 2 1

针法符号说明

▭ 上针	▯＝ ▮ 下针
▩ 刺绣针	⋋ 左上2针并1针

↑ 编织方向

海精灵

【成品规格】衣长 42.5cm，胸围 64cm，袖长 38cm
【编织密度】34 针 × 49 行 =10cm²
【工　　具】12 号、14 号棒针
【材　　料】羊毛绒线海蓝色 220g，白色 20g，纽扣 3 枚
【编织要点】
1. 后片：用 14 号棒针起 110 针织 30 行双罗纹，换 12 号棒针织平针，织 23cm 开挂肩，腋下平收 4 次，再依次减针，织斜肩；
2. 前片：用 14 号棒针起 110 针织双罗纹 30 行，换 12 号棒针织平针，织间色花样，每组 18 针，以蓝色 2 行，白色 16 行开始，然后 2 色分别以 2 行递增减，领窝先平收中心的 8 针，分两片织，分别按图示收针；
3. 袖：用 14 号棒针起 54 针，织 28 行双罗纹，换 12 号棒针织平针，依次加针织出袖筒后，再织袖山；织好后与身片缝合；
4. 领：用 14 号棒针沿领口边缘挑 178 针，先织双层领台，然后织双罗纹 12 行平收；缝合装饰扣，完成。

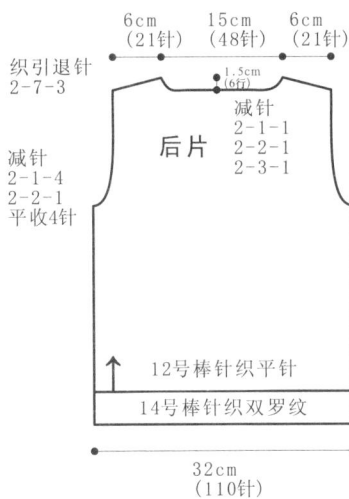

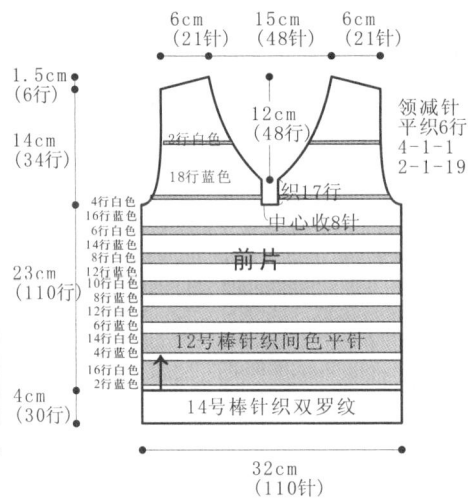

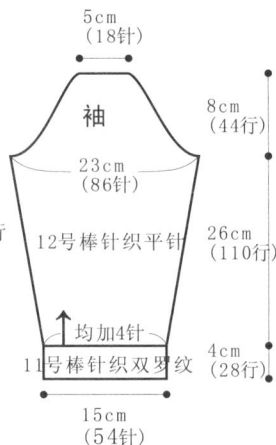

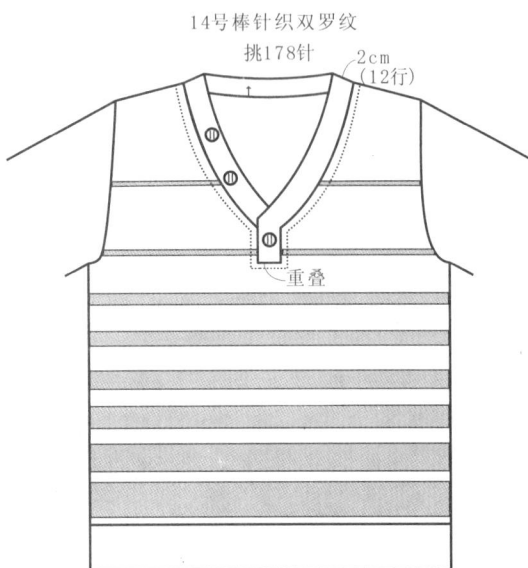

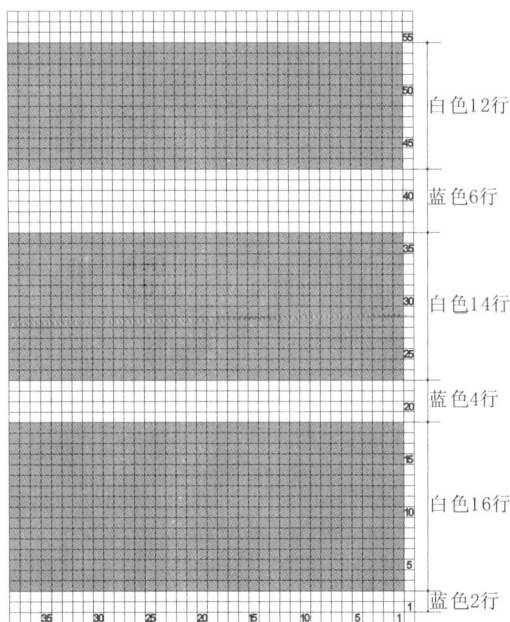

间色花样

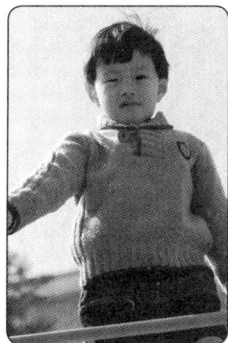

青果领宝宝装

【成品规格】衣长 39.5cm，胸围 76cm，袖长 37cm
【编织密度】25 针 ×30 行 =10cm²
【工　　具】9 号、10 号、11 号棒针
【材　　料】羊毛绒线 280g
【编织要点】
1. 圈织：用 11 号棒针起 160 针，织双罗纹咖啡色 3 行，浅咖啡色 17 行，换 9 号棒针织平针，腋下留 18 针继续织双罗纹；织 19cm 分针织前后片，腋下平收 8 针，再 2 行收 1 针收 5 次，肩织斜肩；
2. 袖：从下往上织；用 11 号棒针起 40 针织双罗纹咖啡色 3 行，浅咖啡色 14 行，换 9 号棒针织平针，依次在两侧收针后平织 10 行，织袖山，腋下各平收 4 针，再减针至完成；
3. 领：用 9 棒号针起 124 针，织 3 行深色，再浅色 3 行，换 10 号棒针织 10 行，再换 11 号棒针，两边各留 16 针不织，依次织引退针，最后 34 针织一行平收；
4. 缝合各部分，完成。

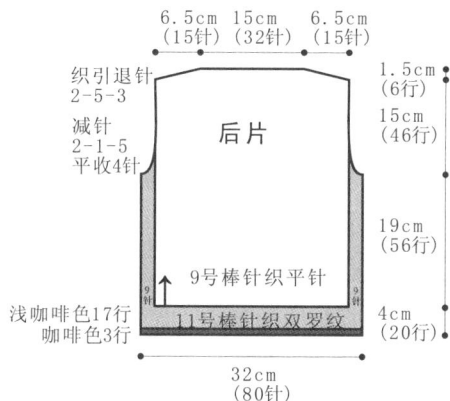

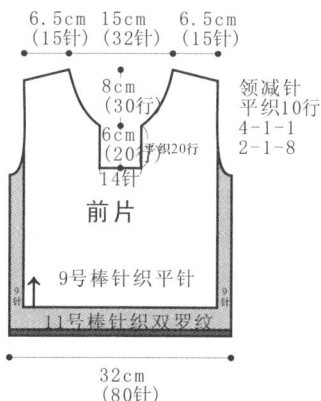

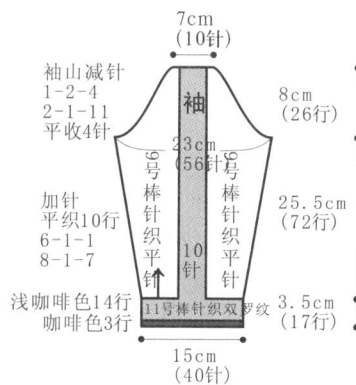

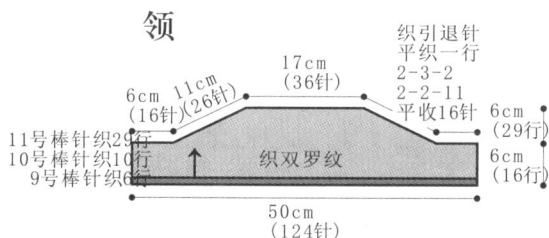

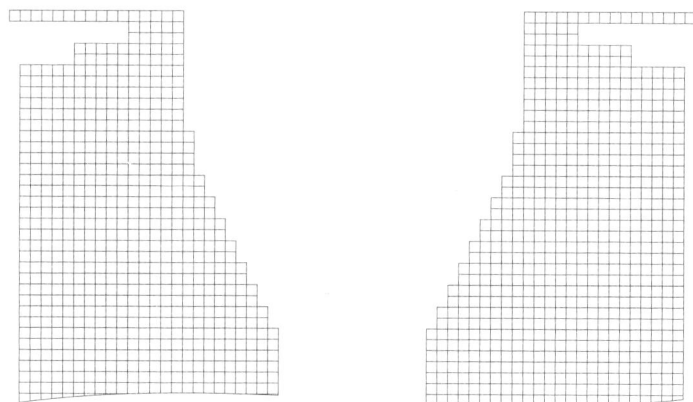

前片领窝

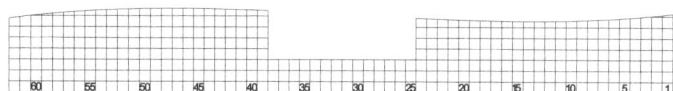

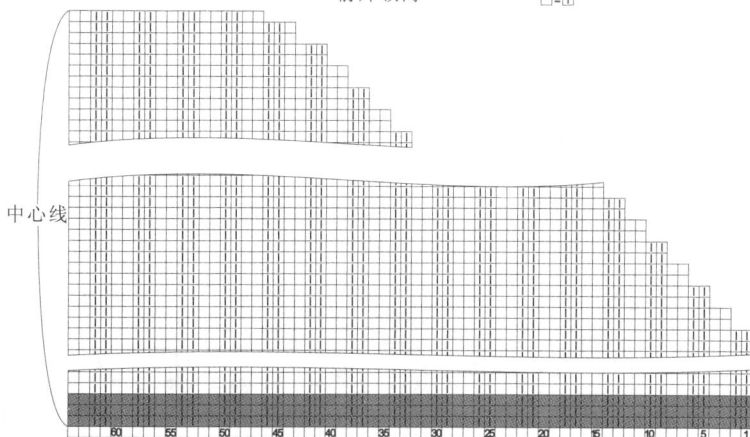

中心线

青果领

□=─

针法符号说明

─ = 上针

Ⅰ = 下针

□=─

【成品规格】衣长 38cm，胸围 60cm，袖长 32cm
【编织密度】42 针 ×56 行 =10cm²
【工　　具】14 号棒针
【材　　料】羊毛绒橙色 150g，白色 130g；纽扣 2 枚
【编织要点】
本款为间色花样，分别用橙色和白色织彩条；
1. 后片：用橙色起 126 针织 20 行后对折成双边做下摆，继续织 32 行后换白色织 2 行，橙色 2 行，白色 10 行，橙色 2 行，白色 2 行，橙色 22 行；如此循环往复，共织 21.5cm 开挂肩，腋下平收 4 针，再依次减针，肩用引退针法织斜肩，后领平收；
2. 前片：基本织法同后片；开挂后织 4 行将针数一分为二，其中右侧比左侧多 4 针；分开织；右侧中心开口处平加 8 针继续织 8cm 并开出两个扣洞，开始织领口，中心平收 20 针，再依次减针至完成；左侧领口处平加 16 针织法右侧；
3. 袖：起 56 针织橙色单罗纹 16 行，均加 6 针平织 18 行，开始按图解织间色花样，两侧依次加针织出袖筒，织 22cm 开始织袖山，腋下平收 5 针，再依次减针，最后 24 针平收；
4. 领：将领开口处的小门襟对折缝合，沿领口挑 162 针织单罗纹 40 行，平收；缝合纽扣，完成。

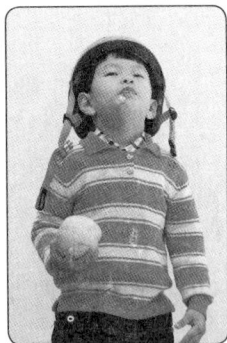

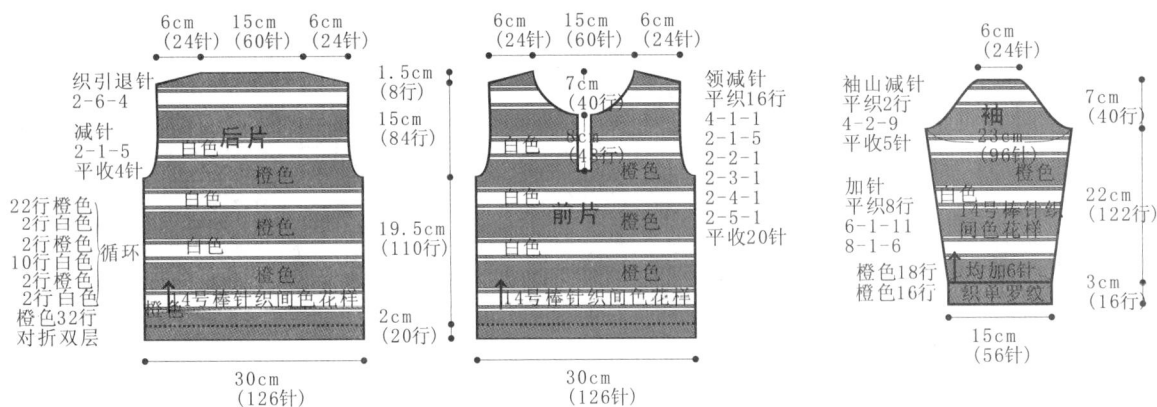

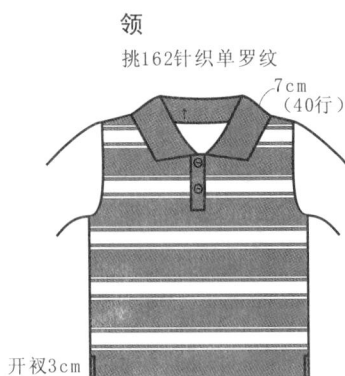

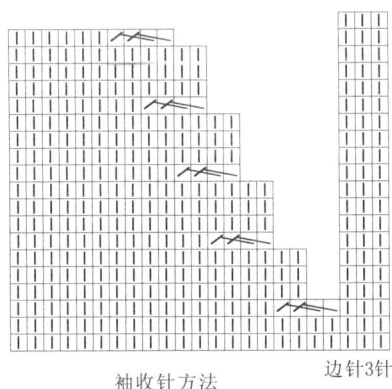

活力翻领条纹衫

6cm 15cm 6cm
(24针)(60针)(24针)

织引退针
2-6-4
减针
2-1-5
平收4针

22行橙色
2行白色
2行橙色
10行白色 循环
2行橙色
2行白色
橙色32行
对折双层

后片
白色
橙色
白色
橙色
白色
橙色
14号棒针织间色花样

1.5cm(8行)
15cm(84行)

19.5cm(110行)

2cm(20行)

30cm(126针)

6cm 15cm 6cm
(24针)(60针)(24针)

7cm(40行)
8cm

前片
白色
橙色
白色
橙色
白色
橙色
14号棒针织间色花样

领减针
平织16行
4-1-1
2-1-5
2-2-1
2-3-1
2-4-1
2-5-1
平收20针

30cm(126针)

6cm(24针)

袖山减针
平织2行
4-2-9
平收5针

加针
平织8行
6-1-11
8-1-6

橙色18行
橙色16行

袖
23cm(96针)
14号棒针织间色花样
均加6针
织单罗纹

7cm(40行)
22cm(122行)
3cm(16行)

15cm(56针)

领
挑162针织单罗纹
7cm(40行)

开衩3cm

袖收针方法　边针3针

针法符号说明
丨 =下针
= 第4针和第2针并收
第3针和第1针并收
4 3 2 1

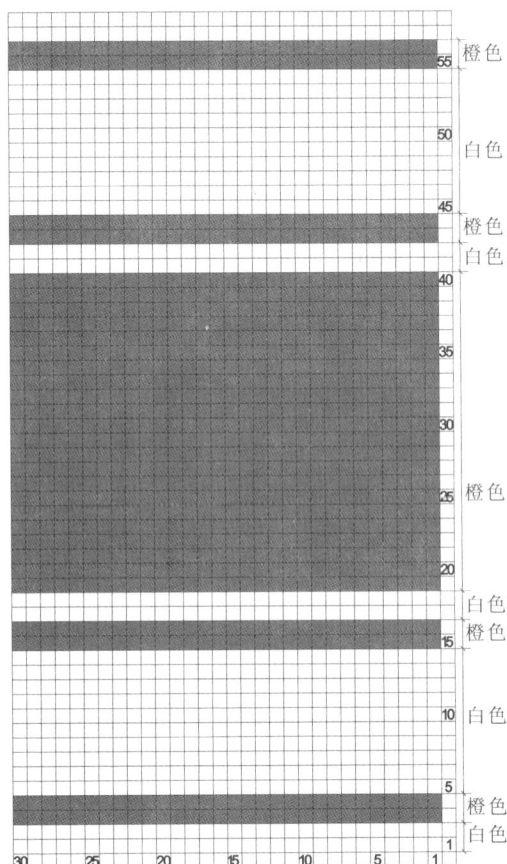

橙色
白色
橙色
白色
橙色
白色
橙色
白色
橙色
白色
橙色
白色

□=丨
间色花样

简约宝宝小背心

【成品规格】衣长 38cm，胸围 60cm
【编织密度】30 针 ×30 行 =10cm²
【工　　具】11 号、12 号棒针
【材　　料】羊毛绒线 100g
【编织要点】
1. 圈织：用 12 号棒针起 180 针织 24 行双罗纹，换 11 号棒针织花样，平织 21cm 开挂肩，腋下平收 9 针，再依次减针，分针后织 16cm 开后领窝，前片织 7cm 开领窝；
2. 缝合肩部，挑针织领和袖口；领挑 128 针织边缘花样；袖口挑 120 针，织法同领；完成。

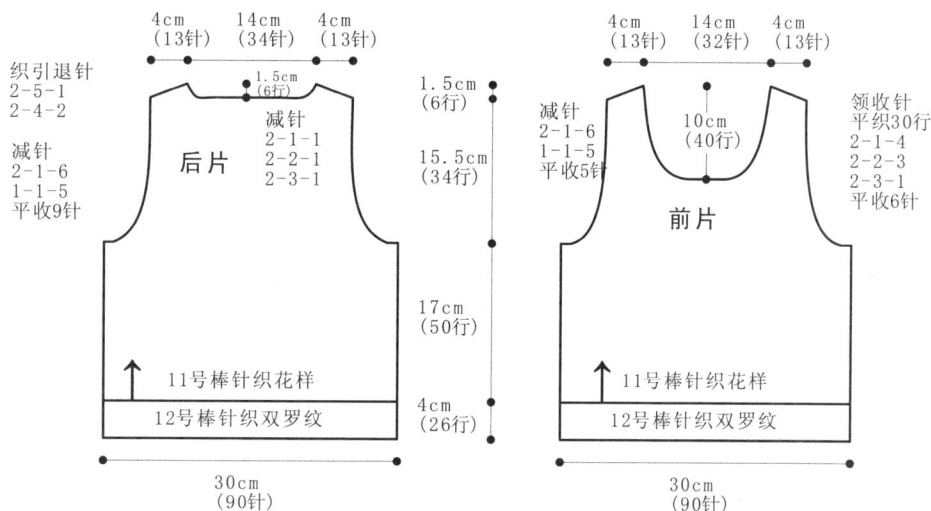

后片

4cm (13针)　14cm (34针)　4cm (13针)

1.5cm (6行)
1.5cm (6行)

织引退针
2-5-1
2-4-2

减针
2-1-6
1-1-5
平收9针

减针
2-1-1
2-2-1
2-3-1

15.5cm (34行)

17cm (50行)

11号棒针织花样
12号棒针织双罗纹

4cm (26行)

30cm (90针)

前片

4cm (13针)　14cm (32针)　4cm (13针)

减针
2-1-6
1-1-5
平收5针

10cm (40行)

领收针
平织30行
2-1-4
2-2-3
2-3-1
平收6针

11号棒针织花样
12号棒针织双罗纹

30cm (90针)

领、袖口

12号棒针织边缘花样

挑128针
1.5cm (10行)
挑120针

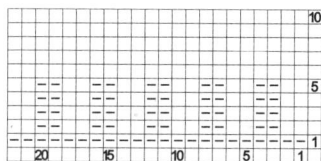

□=凵

边缘花样

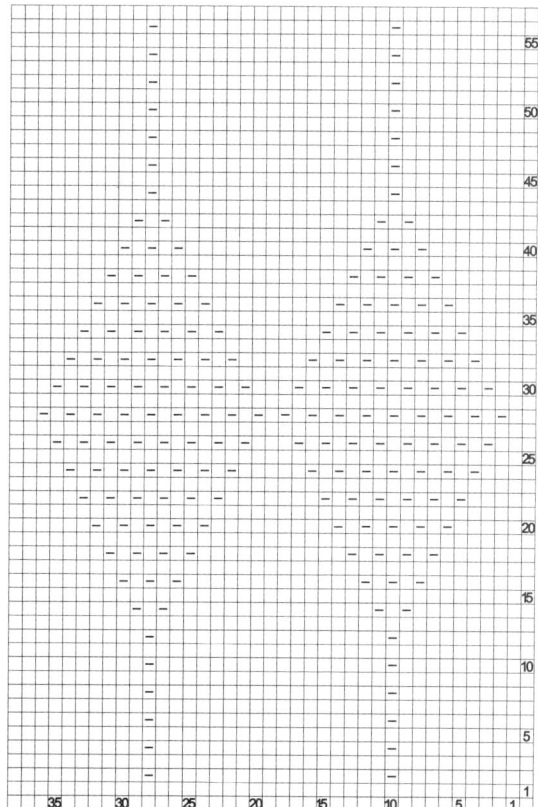

□=凵

编织花样

撞色圆领开襟衫

【成品规格】衣长38cm，胸围62cm，袖长35cm
【编织密度】32针×35行=10cm²
【工　　具】10号、11号棒针
【材　　料】羊毛线墨绿色250g，藏青色和白色少许，纽扣5枚
【编织要点】
1. 一片连织：用11号棒针起190针，织双罗纹藏青色8行墨绿色8行，白色8行；换10号棒针用墨绿色织弹性针，织28行在前片的位置开口袋，织双罗纹口袋边8行，另用针织袋里衬，织平针36行与前片并行织，织82行后分出各片的针数，开始织挂肩部分；腋下各平收8针，再依次减针，后片织50行开后领窝，织斜肩；前片织26行开领窝，织斜肩；
2. 袖：用11号棒针起44针，织间色双罗纹边缘，换10号棒针织袖筒，腋下平加4针，再依次减针织出袖山，缝合；
3. 领、门襟：门襟沿边缘挑102针织间色双罗纹，并在一侧开扣洞；领用11号棒针挑140针织间色双罗纹；缝合纽扣，完成。

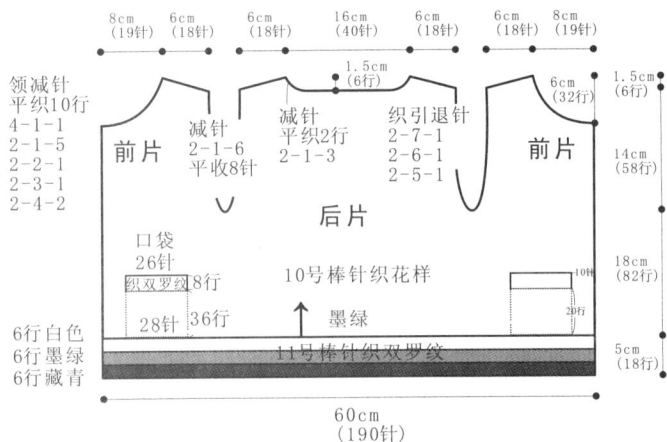

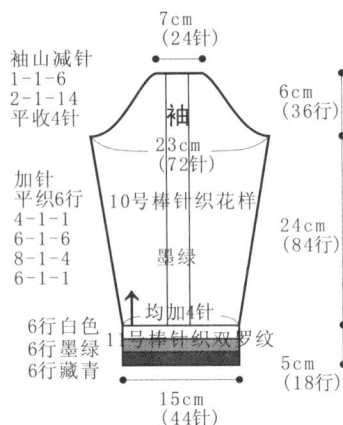

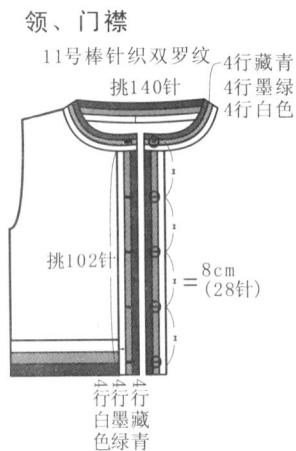

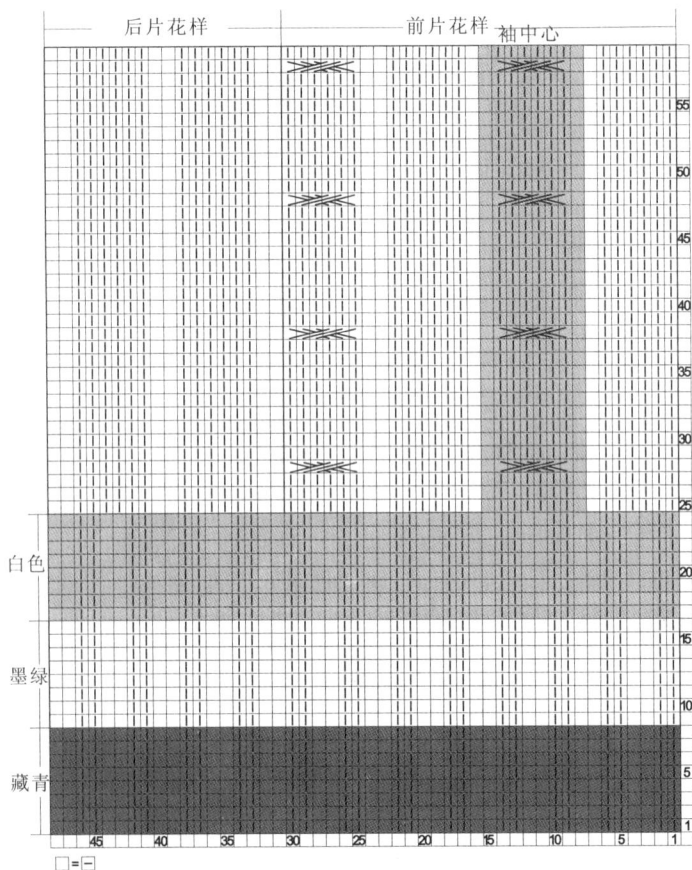

编织花样

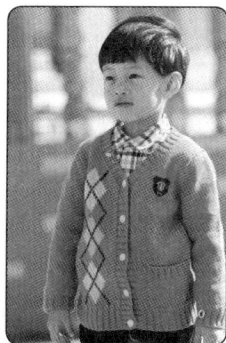

果绿色菱形格纹针织衫

【成品规格】衣长 42cm，胸围 66cm，袖长 37cm
【编织密度】34 针 ×40 行 =10cm²
【工　　具】10 号、11 号棒针
【材　　料】羊毛线 3 绿色 300g，其他色少许，纽扣 5 枚
【编织要点】
1.后片：用 11 号棒针起 94 针，织双罗纹 22 行，换 10 号棒针织平针，第一行均加 2 针，平织 21cm 开挂肩，腋下平收 4 针，再每 2 行减 2 针减 4 次，肩织斜肩，收后领窝；
2.前片：左右片略有不同，织法同后片：左片织入间色花样，并用十字绣的方式绣出十字线；右片织口袋，分别按图示织；
3.袖：用 11 号棒针起 50 针，织双罗纹 22 行，换 10 号棒针织平针，先均加 2 针，然后分别在两侧加针织袖筒 24cm；袖山先在腋下平收 5 针，再每 4 行减 2 针减 7 次，最后 36 针平收；
4.领、门襟：用 11 号棒针沿边缘挑 326 针织双罗纹，并在一侧开扣洞 5 个；缝合纽扣，完成。

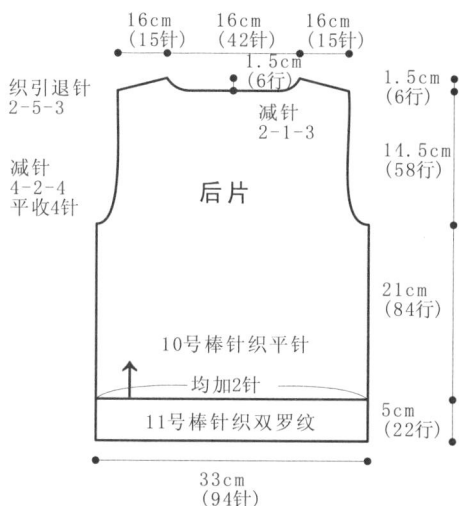

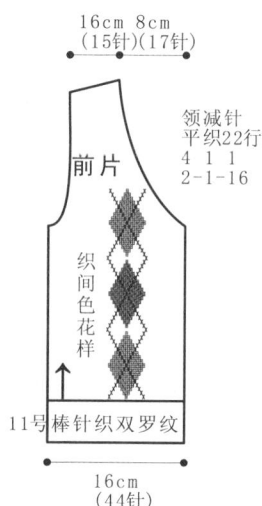

后片

16cm（15针）　16cm（42针）　16cm（15针）
1.5cm（6行）
1.5cm（6行）
14.5cm（58行）

织引退针 2-5-3
减针 2-1-3
减针 4-2-4 平收4针

10号棒针织平针

21cm（84行）

均加2针

11号棒针织双罗纹

5cm（22行）

33cm（94针）

前片

16cm（15针）　8cm（17针）

领减针 平织22行 4 1 1 2-1-16

织间色花样

11号棒针织双罗纹

16cm（44针）

领、门襟

11号棒针织双罗纹 沿边缘挑326针

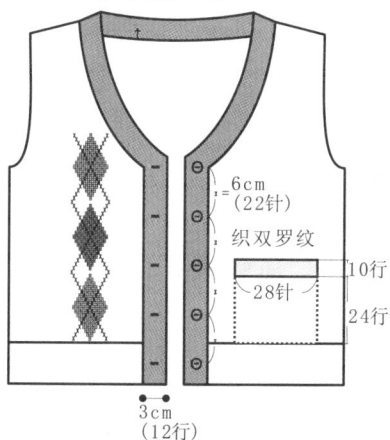

6cm（22针）
织双罗纹
10行
28针
24行

3cm（12行）

袖

10cm（36针）

袖山减针 平织4行 4-2-7 平收5针

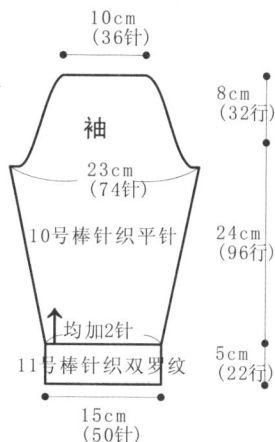

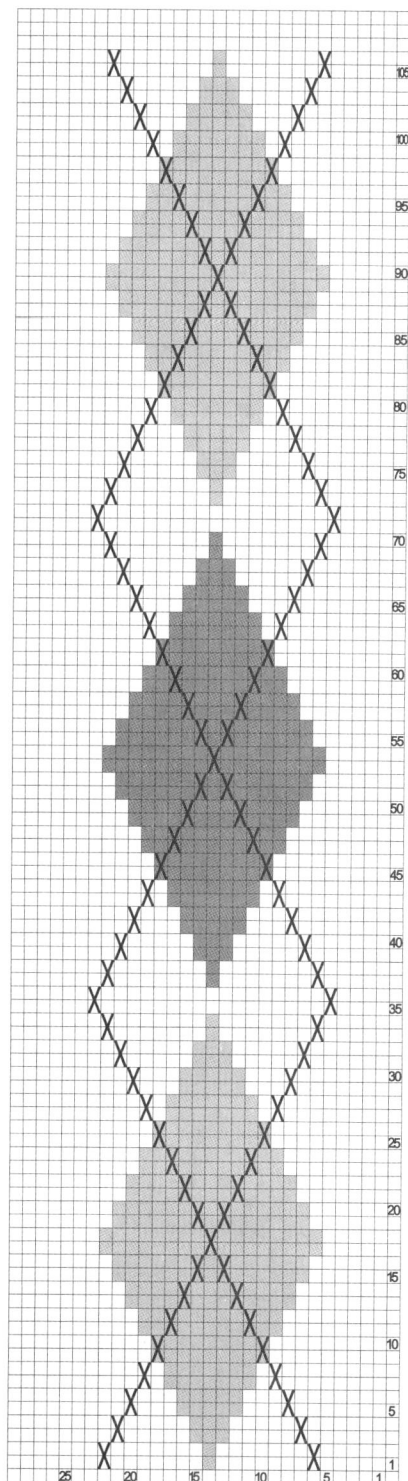

加针 平织8行 8-1-11

23cm（74针）

8cm（32行）

10号棒针织平针

24cm（96行）

均加2针

11号棒针织双罗纹

5cm（22行）

15cm（50针）

□＝囗

编织花样

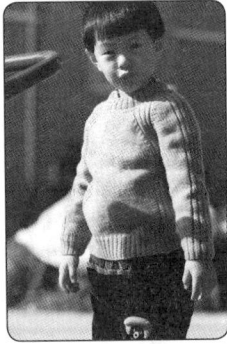

【成品规格】衣长 42cm，胸围 60cm，连肩袖长 42cm
【编织密度】40 针 ×42 行 =10cm²
【工　　具】10 号、11 号棒针
【材　　料】羊毛线 300g
【编织要点】
1. 后片：用 11 号棒针起 120 针织双罗纹 26 行换 10 号棒针织；两侧各 21 针继续织双罗纹，中间均减 14 针织平针，织 88 行开挂，腋下平收 6 针，以双罗纹的内侧为径减针，每 4 行减 2 针减 12 次，最后 46 针平收。
2. 前片：织法同后片，开挂后织 36 行开领窝，中间的平针平收，两侧依次减针；
3. 袖：用 11 号棒针起 58 针织双罗纹 26 行后换 10 号棒针织，中心的 18 针继续织双罗纹，两侧织平针，袖山收针方式同身片；
4. 领：用 11 号棒针沿领窝挑 132 针织领台，然后织双罗纹 34 行，对折缝合成双层领，完成。

半高领保暖衫

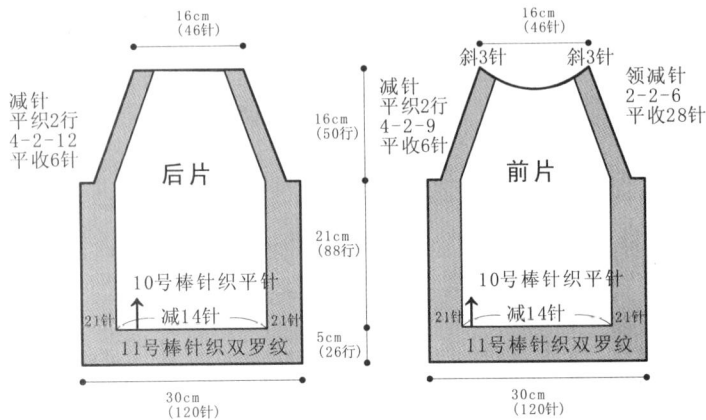

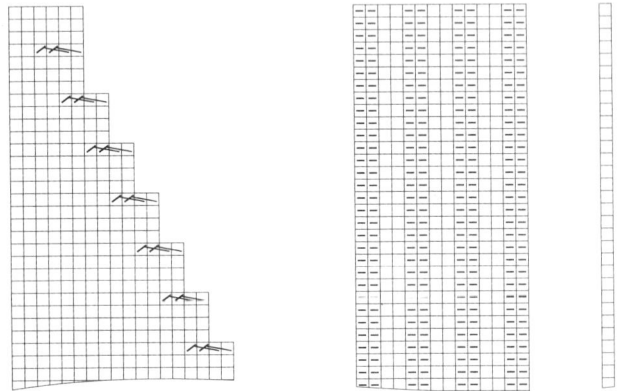

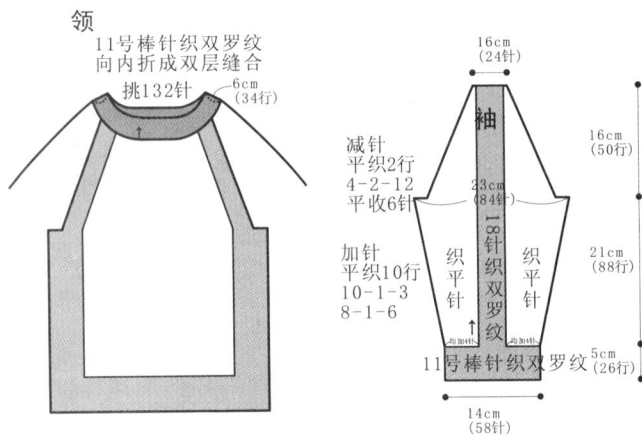

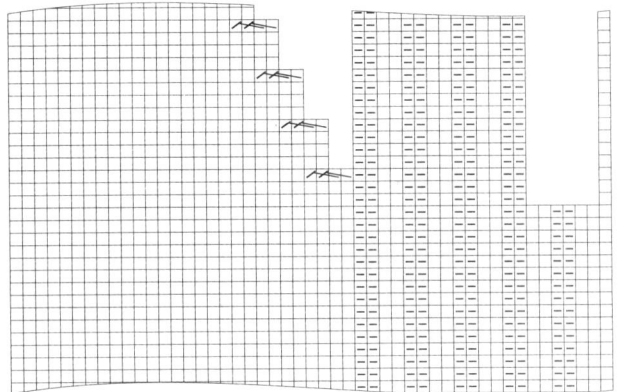

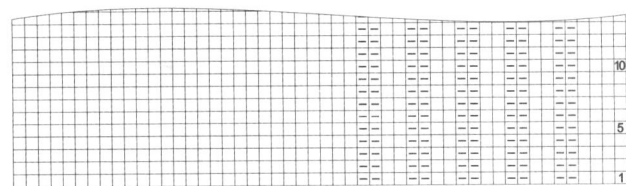

16cm
(46针)

减针
平织2行
4-2-12
平收6针

后片

减针
平织2行
4-2-9
平收6针

16cm
(50行)

21cm
(88行)

10号棒针织平针

21针 ← 减14针 → 21针

5cm
(26行)

11号棒针织双罗纹

30cm
(120针)

16cm
(46针)

斜3针　斜3针

领减针
2-2-6
平收28针

前片

10号棒针织平针

21针 ← 减14针 → 21针

11号棒针织双罗纹

30cm
(120针)

领
11号棒针织双罗纹
向内折成双层缝合
挑132针
6cm
(34行)

16cm
(24针)

袖

减针
平织2行
4-2-12
平收6针

加针
平织10行
10-1-3
8-1-6

23cm
(84针)

18针织双罗纹

织平针　织平针

16cm
(50行)

21cm
(88行)

11号棒针织双罗纹

5cm
(26行)

14cm
(58针)

针法符号说明

人 = 左上2针并1针

入 = 右上2针并1针

= 第4针和第2针并收
4 3 2 1　第3针和第1针并收

□ = 1

45　40　35　30　25　20　15　10　5　1

10

5

5

1

编织花样

164

【成品规格】衣长 44cm，胸围 60cm
【编织密度】22 针 × 25 行 =10cm²
【工　　具】6 号、8 号棒针
【材　　料】粗毛线 310g，深色少许，纽扣 5 枚
【编织要点】
1. 一片连织：用 8 号棒针起 134 针两侧 6 针织全平针，中间织双罗纹，织 8 行；
2. 换 6 号棒针按图解排花样，织 25cm 开挂，分出各片；织的时候门襟的左侧开扣洞，腋下平收 6 针，两侧各按图示收针，后片织斜肩，前片平织至完成；
3. 帽：前后片合起来挑针织帽，挑 65 针，帽织间色花样，边缘的花样与身片对应；中间按图示收针，帽顶缝合；
4. 袖口：各挑 71 针织间色全平针，织 2 行浅色 2 行深色，再 2 行浅色，平收；缝合纽扣，完成。

**英伦风粗毛线
带帽衫**

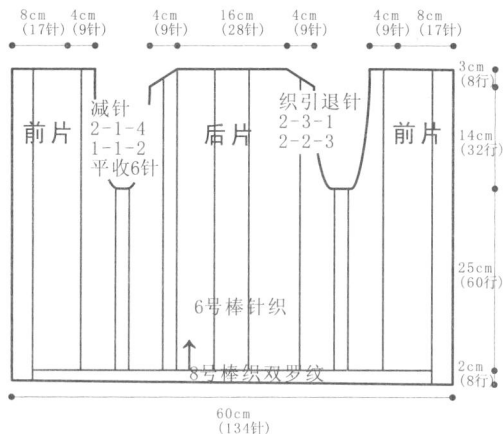

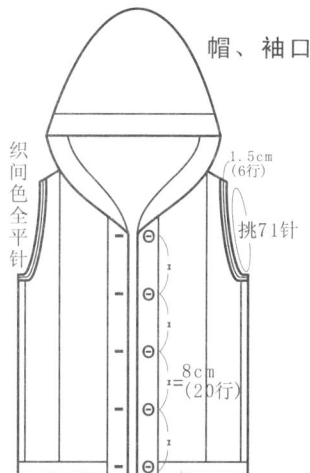

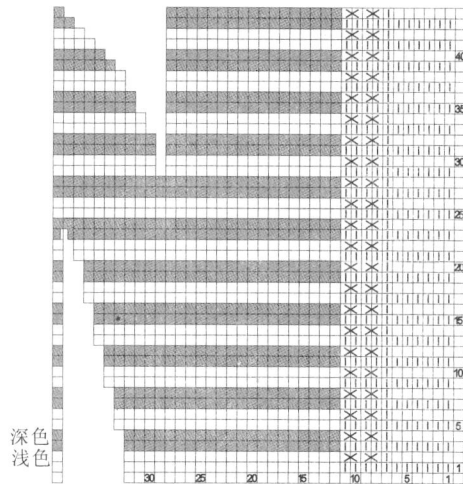

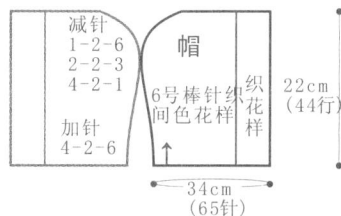

针法符号说明

⊠ =2针右上交叉

⊠ =4针右上交叉

⊠ =6针左上交叉

⊠ =6针右上交叉

• = | | | | |

∨ =1针放5针

∧ =5针并1针

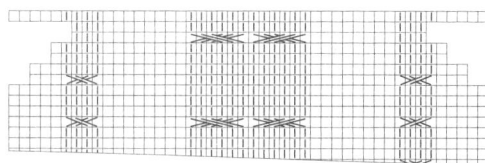

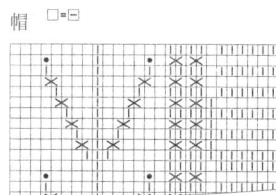

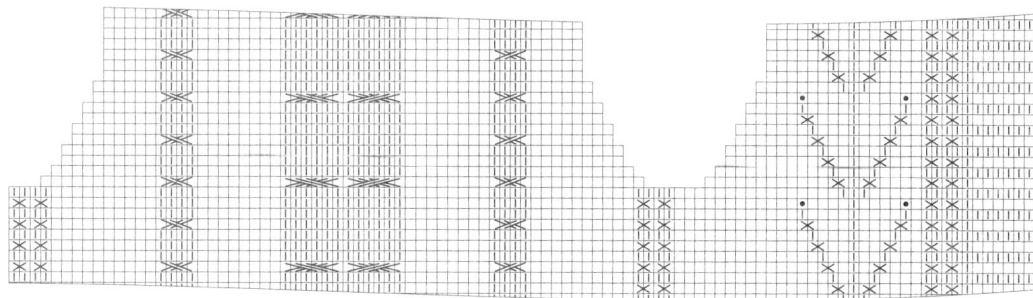

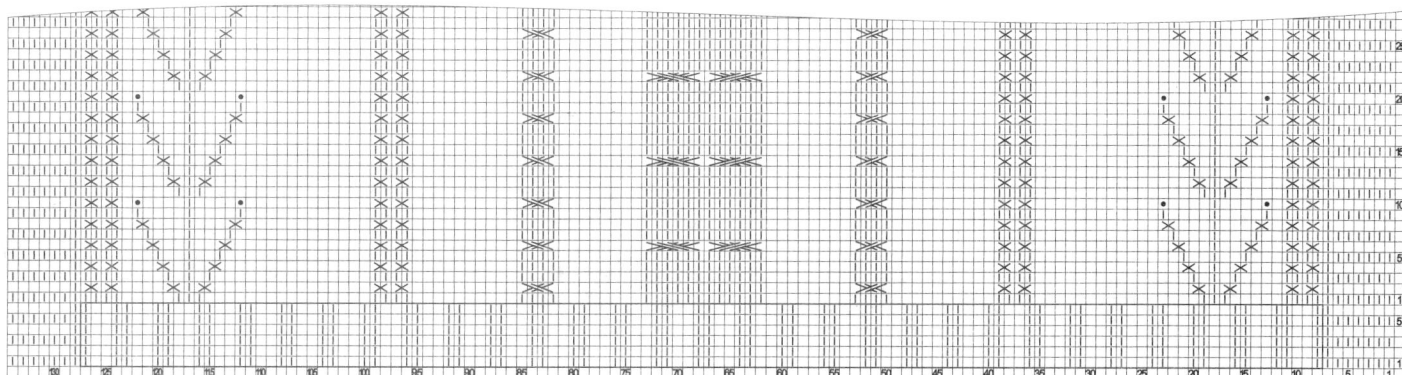

编织花样

棒针针法符号

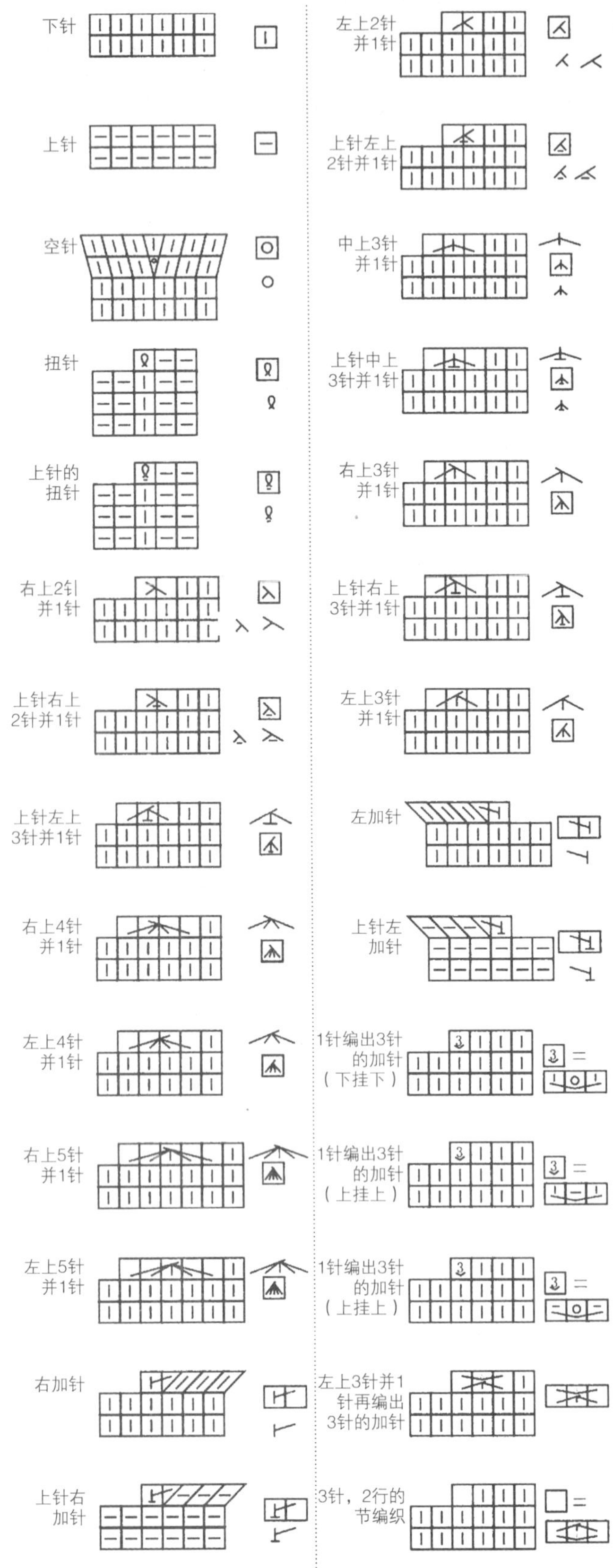

下针
上针
空针
扭针
上针的扭针
右上2针并1针
上针右上2针并1针
上针左上3针并1针
右上4针并1针
左上4针并1针
右上5针并1针
左上5针并1针
右加针
上针右加针
左上2针并1针
上针左上2针并1针
中上3针并1针
上针中上3针并1针
右上3针并1针
上针右上3针并1针
左上3针并1针
左加针
上针左加针
1针编出3针的加针（下挂下）
1针编出3针的加针（上挂上）
1针编出3针的加针（上挂上）
左上3针并1针再编出3针的加针
3针，2行的节编织

钩针针法符号

锁针（辫子针）
短针
引针
长针
中长针
长长针
长针行
长长针行
中长针行
3个卷曲长针行
4个卷曲长针行
狗牙针
狗牙拉针
七宝针
扭转短针（逆短针）
短针的条纹针
中长针的条纹针
长针的条纹针
长长针行
中长针3针的枣形针
中长针3针的集成束的枣形针
变化的中长针3针的枣形针
集成束的中长针3针的枣形针
拉出的立针处钩织中长针3针的枣形针
长针2针的枣形针
长针3针的枣形针
长针4针的枣形针
长长针3针的枣形针
长针5针的枣形针
长针5针的枣形针
中长针5针的圆锥针
长针5针的圆锥针
长长针5针的圆锥针
短针2针并1针
短针3针并1针
中长针2针并1针
中长针3针并1针
长针2针并1针
长针3针并1针
长针2针并1针
长针4针并1针
长针5针并1针
长针2针的枣形针2针并1针
长针3针的枣形针2针并1针
1针加成2针短针
1针加成2针短针
1针加成3针短针
中长针1针加成2针
中长针1针加成3针
长针1针加成2针
长针1针加成3针
1束中分3针长针
1针分2针长针（辫子针1针在内）
1针分2针长针（辫子针3针在内）
长针1针加成4针
长针1针加成3针
1针分5针长针（松钩）

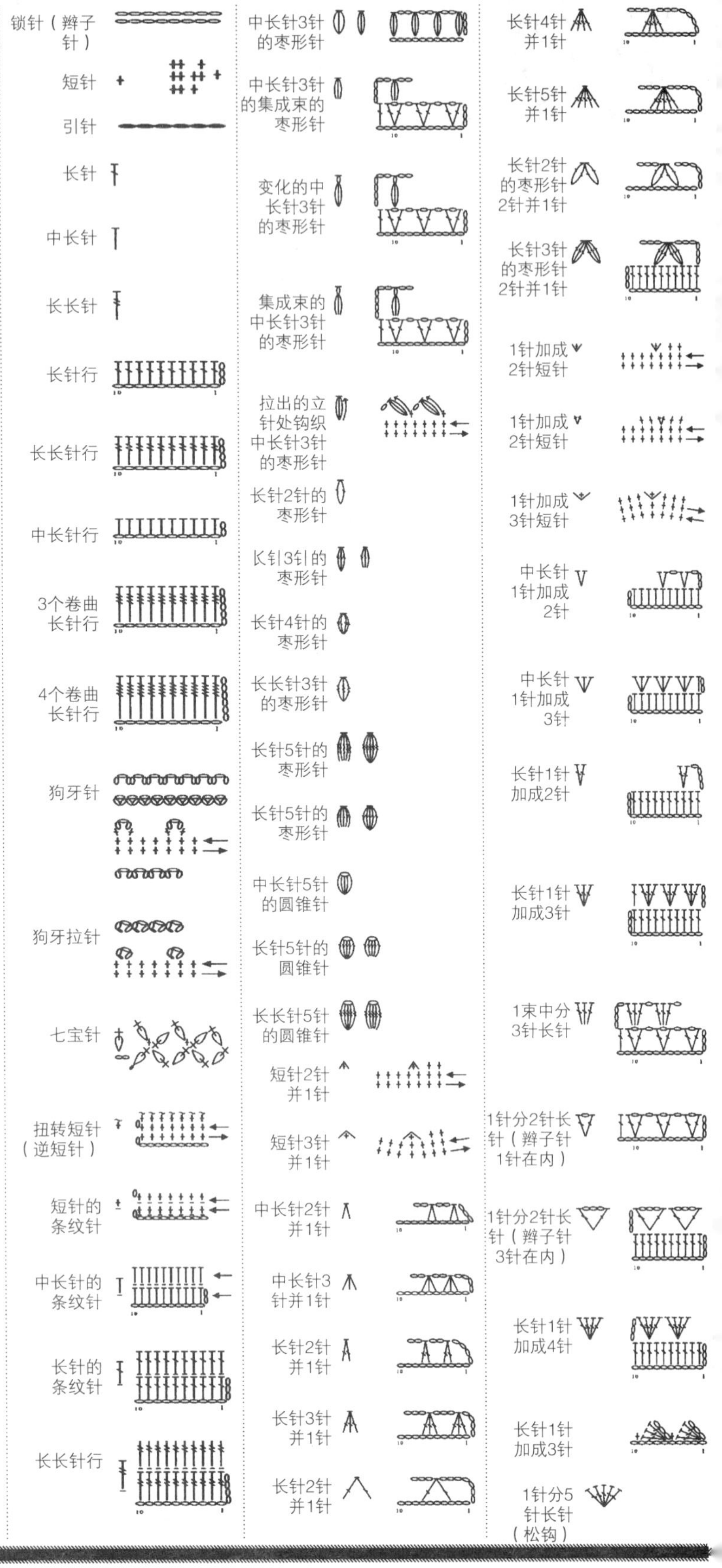

织毛衣：日韩风
Knitting:Japanese and Korean Style

作者：王春燕
ISBN 9787538175486 / 45.00 元
215×285mm / 180 页 / 2012.8

零基础也能织的宝贝毛衣
Knitting for Babies from Start

作者：（中国台湾）潘美伶
ISBN 9787538176018 / 28.00 元
185×260mm/112 页 / 2012.9

美在钩编
——荷柳钩编精品教程
Step by Step Beautiful Knitting and Crocheting Flowers in Work

作者：何晓红
ISBN 9787538177848 / 29.80 元
210×285mm / 124 页 / 2013.1

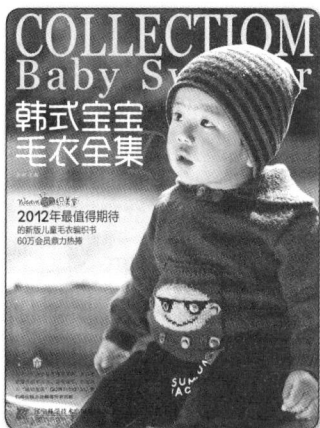

韩式宝宝毛衣全集
Korean Style Baby Sweaters

作者：张翠
ISBN 9787538177510 / 49.80 元
210×285mm / 352 页 / 2013.1

V.S 教你织时尚毛衣
V.S Teaches You Knitting

作者：王月芹
ISBN 9787538174878 / 39.80 元
210×285mm /192 页 / 2012.6

韩范风女士棒针毛衣
Korean Style Ladies Knitting

作者：张翠
ISBN 9787538177497 / 39.80 元
210×285mm / 192 页 / 2013.1

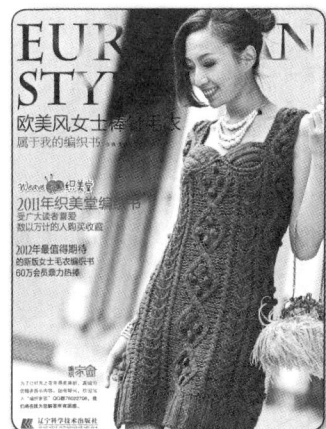

欧美风女士棒针毛衣
Europe Style Ladies Knitting
作者：张翠

ISBN 9787538176025 / 39.80 元
210×285mm / 192 页 / 2012.9

韩式毛衣全集 III
Korean Style Sweaters Collection III
作者：张翠

ISBN 9787538177725 / 49.80 元
210×285mm / 352 页 / 2013.1

0-3 岁全图解实用款宝宝毛衣
Babies Knitting 0~3

作者：张翠
ISBN 9787538176032 / 39.80 元
210 × 285mm / 192 页 / 2012.9

0-3 岁全图解韩版宝宝毛衣
Korean Style Babies Knitting 0~3

作者：张翠
ISBN 9787538176773 / 39.80 元
210 × 285mm /192 页 / 2012.10

3~5 岁全图解实用儿童毛衣
Children's Knitting 3~5

作者：张翠
ISBN 9787538176766 / 39.80 元
210 × 285mm / 192 页 / 2012.10

6-9 岁全图解实用儿童毛衣
Children's Knitting 6~9

作者：张翠
ISBN 9787538177329 / 39.80 元
210 × 285mm / 192 页 / 2013.1

0-3 岁经典配色图案宝宝毛衣
Babies Colorful Knitting 0~3

作者：张翠
ISBN 9787538177534 / 39.80 元
210 × 285mm / 192 页 / 2013.1

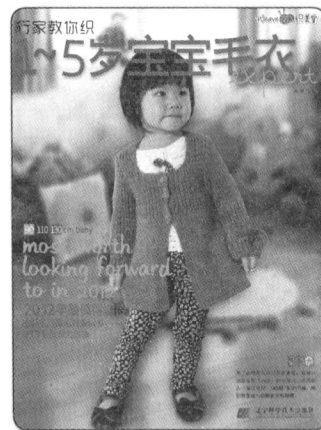

行家教你织 1-5 岁宝宝毛衣
Professionals Teach You Knitting
1~5

作者：张翠
ISBN 9787538177312 / 39.80 元
210 × 285mm / 192 页 / 2013.1

秋韵教你织时尚宝贝毛衣
Qiuyun Teaches you Knitting Baby
Sweaters

作者：秋韵雨思
ISBN 9787538178555 / 28.00 元
210 × 285mm / 128 页 / 2013.3

行家教你织 4-10 岁儿童毛衣
Professionals Teach You Knitting
4~10

作者：张翠
ISBN 9787538177503 / 39.80 元
210 × 285mm / 192 页 / 2013.1